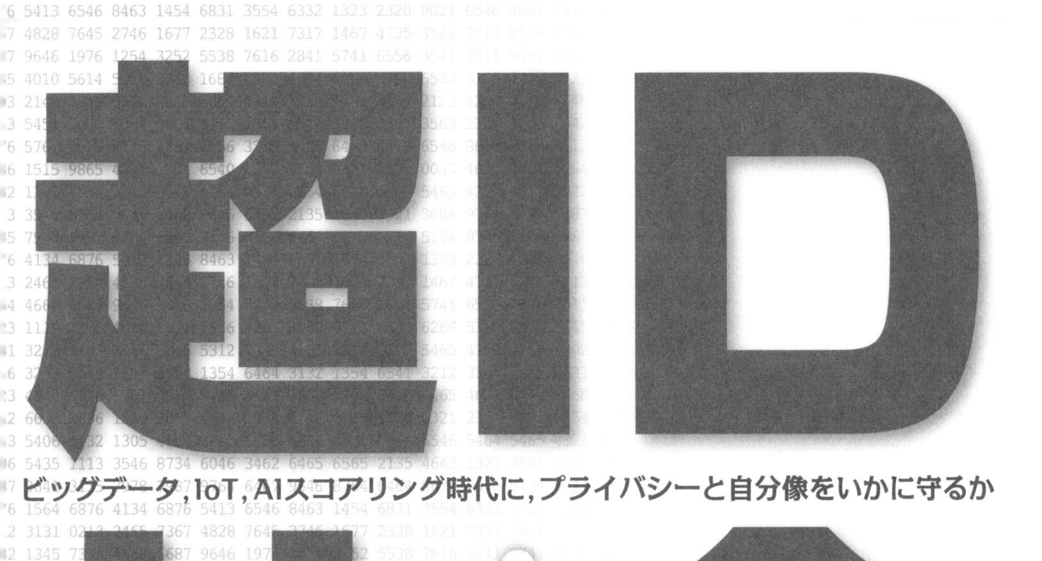

超ID社会

ビッグデータ，IoT，AIスコアリング時代に，プライバシーと自分像をいかに守るか

八木 晃二

専修大学出版局

はじめに

高度情報化社会を迎え，われわれはネット利用による便利さを享受する反面で，プライバシー侵害のリスクを強く感じるようになった。2018年には，SNSを使用した個人に対する誹謗中傷を苦にした若者が自殺する事件が発生した[1]。近年，多くの若者がネット上での他者からの悪意を持った情報の書き込みに苦悩し，ネット上でのいじめ問題は急増している。また，ECサイトや金融機関サイトでは，IDとパスワードが不正に取得され，他者からのなりすましによって，金銭や個人情報を搾取する事件も多発している。米IBM X-Forceの調査[2]によると，2016年に情報漏洩した記録の件数は全世界で前年の6億件から40億件超に増加し，増加率は566％である。NPO日本ネットワークセキュリティ協会の調査報告[3]では，日本国内での2016年の個人情報漏洩人数は1,500万人以上にのぼり，特にインターネット経由での情報漏洩が主流になってきている。2019年7月に某流通系企業が開始したスマホ決済で発生したIDとパスワードを使用した不正アクセス事件[4]は，記憶に新しいところである。サイバー空間での他者へのなりすましによる犯罪行為や誹謗中傷行為，個人情報漏洩の問題は，大きな社会問題となっている。情報社会の負の側面である。

一方で，われわれは情報社会から多くの便利なサービス提供を受け，便益を享受している。たとえば，ECサイトでは自分の欲しいと思っていた商品のレコメンド情報がタイムリーに表示され，簡単に自分の好みに合った商品を購入することができる。街を歩いていると，近くにある自分好みのレストラン情報がスマホに表示され，クーポン券が送られてくる。コンビニに行けば，自分の買いたい商品が品切れすることなく，いつでも並んでいる。サービスを提供する企業は，サイバー空間の情報を収集・連携・分析・活用することにより，消費者の個人の嗜好や行動に合わせたタイムリーなサービスを提供している。言い換えると，企業はサイバー空間のさまざまな情報を活用して，顧客に対して顧客ごとの自分像を企業なりに作成し，その自分像に合ったサービスの提供を行っているのである。

しかし，便利なサービスを利用する一方で，なんだか気持ち悪さを感じ，プライバシー侵害の懸念を感じている人も多い。2019年4月17日発表の公正取引委員会が実施した消費者2千人に対するアンケート調査によると，個人情報や利用データの収集や利用について「懸念がある」と回答した人の割合は，全体の75.8%に上っている[5]。このように，情報社会では「積極的な情報活用」と平衡した「プライバシー保護の確立」が強く望まれている。「プライバシー保護」とは，「自己情報を本人自らがコントロールすることにより，自分が自分らしく生きることを追求する権利」である。

さて，企業活動においては，さまざまな情報を有効活用し事業活動を行うために，経営資源であるヒト・モノ・カネのさまざまなものにIDを付番して，IDに情報を紐づけ，情報を収集・連携・分析・活用し，多くの情報システムを開発し，サービスを提供している。たとえば，口座番号やクレジットカード番号などの金融機関が発行管理するID，ポイントカードや病院の診察券などに記載されるサービス提供元が発行するID，電子マネーやプリペイドカードなどに付番されているID，銀行のインターネットバンキングにログインするためのログインID，TwitterやFacebookなどのSNSのID，Yahoo! JAPAN IDやSoftBank ID，au IDなどの企業が提供するサービスのブランド名となっている企業が発行するIDなど，実にさまざまなIDが付番，発行され，使用されている。そして，そのIDに紐づけされた情報を活用することによって，企業は顧客の分析を行い，嗜好や趣味，日常の行動範囲といった顧客ごとの自分像を作成し，その自分像に対して最適と思われるサービスを提供している。本書では，IDを使用して多くの情報を利活用する情報社会のことを，「ID 社会」と定義し呼んでいる。すなわち，現在の高度情報社会は，「ID 社会」の到来ということができる。

では，どうすれば「ID 社会」において「プライバシー保護の確立」を実現することができるのであろうか。サイバー空間では多くの情報をデジタル化して情報活用を行うが，その際にその情報が誰の情報かを識別して扱う必要があるため，ID を付番し情報への紐づけを行っている。しかし，多くの人々は，自分に対してどういった ID が付番され，その ID にどんな情報が紐づけられ，その ID と情報を誰が何の目的でどう使用しているのか，ほとんど把握・管理できていないのではないだろうか。またインターネットの普及によって，ID を使用してサイバー空間上の多種多様な情報を簡単に広く連携するることが可能になり，サイバー空間における自分像が自分の知らないところで勝手に作成されてしまっているという現状がある。そのため，自己情報を自分でコントロールすることができない状態が発生し，多くの人がプライバシー侵害の懸念を感じている。「プライバシー保護の確立」には，サイバー空間の自分の情報を自分でコントロールし，サイバー空間における自分像を自ら確立することが必須であり，「ID 社会」の視点からみると，自分に付番された ID とそれに紐づけされた自己情報を自らコントロールできる状態を作ることが喫緊の課題となっている。

しかし，近年になって情報活用に関する情報技術の開発と法制度の整備は進んできたものの，前述したように多くのプライバシー侵害の問題が発生している。筆者は，約30年間野村総合研究所という IT 企業で ID を使用した数多くの情報システム開発に携わってきた。また2008年から2015年までの7年間，OpenID ファンデーションジャパン[6]の代表理事として，ID 連携技術（ID を使用し情報を連携するための情報技術）の標準化・普及活動も先導してきた。また，重要な ID の一つとしてマイナンバー制度の政策提言にも書籍出版などを通して関与してきたが，残念ながら法制度の整備が進み ID 連携[7]技術や ID 管理[8]技術，情報セキュリティ技術が発展してきても，プライバシー侵害問題の発生は一向に減っていく気配がない。それは，情報技術の発展や法制度の整備だけでは解決できない課題の存在であり，そもそも「ID 社会」における ID の用語の定義や，ID の使用方法に秩序がないことに原因があると長年の実務経験を通して痛感してきた。ID の使用方法に秩序がないことによって，多くの ID が氾濫し乱用されてしまっているため，ID とそれに紐づけられている情報がコントロール不能状態に陥ってしまい，多くのプライバシー侵害の問題が発生しているからである。

そこで，本書では高度情報化社会を ID 使用の視点からとらえた「ID 社会」に焦点を当て，「積極的な情報活用」と平衡した「プライバシー保護の確立」をいかに実現するか，その課題の明確化と課題解決策について考察し，研究を行った。本書は，野村総合研究所時代から研究してきた内容を含め，2019 年に博士学位論文としてまとめた研究内容をベースとして書籍化したものである（なお，本書は令和元年度専修大学課程博士論文刊行助成を受けて刊行された）。その研究の中では，課題解決策として，ID 使用の秩序を確保するための具体的な ID 使用ガイドラインの作成を行っている。そのガイドラインは，情報システム開発者や政策担当者等の専門家向けのガイドラインにとどまらず，一般消費者やユーザが自分のプライバシーを保護するために，自分に付番されたさまざまな ID をいかに把握し管理すべきかについても言及している。さらに，現行のマイナンバー制度や個人情報保護法[9]などの ID 使用に関連する法制度の課題と改善策にも踏み込んで考察した。ぜひ，情報システム開発者や政策担当者の専門家の方のみならず，一般消費者の方々にも広く読んでいただきたい。一方で，「ID 社会」で「積極的な情報活用」を行うためには，企業の組織の枠を超えた「効率的な情報連携」をいかに実現するかが鍵となる。しかし，「効率的な情報連携の実現」のために ID 連携技術が開発され，そのための法制度も整備されてきたが，今でも企業間における情報連携のための調整作業負担の非効率性が指摘されている。本書では，「積極的な情報活用」を推進するために必要となる「効率的な情報連携の実現」の課題と解決策についても言及した。

本書で述べたID社会の抱える課題解決策の実現が，「プライバシー保護の確立」と「積極的な情報活用」が両立した豊かな高度情報化社会構築の一助になることを願ってやまない。

※「IDとは」は何であろうか？　実社会で発生している問題の解決策は？

Identity，IDカード，ID番号，ログインID，ユーザID，Identification，Identifier，マイナンバー，……。「IDとは？」と問われたときに，皆さんは何を思い浮かべるだろうか。本書を通して，もう一度認識を新たにしていただきたい。そのことが，高度情報化社会における，プライバシー保護の確立の第一歩となるからだ。

本書の付録に，本文中で考察した「ID」に関する「用語の定義」，「分類」，「使用ガイドライン」，「マイナンバー制度の見直し・改善策」の研究結果をまとめた。

さらに，付録中の3つのコラムでは，本文中で提案した内容の理解を深めていただくために，実社会における具体的なID使用の事例をあげて解説を行った。1つめのコラムでは，本文中で提案したIDの定義や分類を日常生活で実際に使用するIDへ適用する方法について，2つめのコラムでは，実社会で使用する具体的なIDとパスワードの使用方法について，考慮すべきポイントを解説している。実社会で数多く発生しているIDとパスワードを使用した不正アクセス問題の解決にも繋がるはずである。3つめのコラムでは，2015年9月に改正された個人情報保護法で追加された個人識別符号の取り扱いについて，残されたグレーゾーン問題の解決策について解説した。

本書を読み終えた後，全体の要約として，実社会との対比で理解を深めるための参考資料として，ぜひ参照していただきたい。

目　次

第1章 ID社会の到来

**現在の高度情報化社会はID社会である。
ID社会では「積極的な情報活用」と
「プライバシー保護の確立」の両立が
必要である。**

本章では，ビッグデータ，IoT，AI時代における「ID社会」の到来について概観し，「ID社会」の現状と仕組みについて述べる。

1.1　ビッグデータ，IoT，AI時代

現在の高度情報化社会は，ビッグデータ，IoT，AI時代とも呼ばれ，多くの企業はサイバー空間のさまざまな情報を活用して情報システムを開発し，多種多様なサービスを提供している。利用者は，それらの情報システムを使用することによって，多くのサービスを利用し便益を享受している。

たとえば，Amazonなどの ECサイトの提供するサービスでは，サイトにおける過去の購買履歴や閲覧履歴の情報を分析することによって，タイムリーなターゲティング広告を表示し，的確なレコメンド情報を配信している。街を歩いていると，近くにある自分好みの飲食店の情報がクーポン券と一緒にスマートフォンに配信されてくる。2017年には，みずほ銀行とソフトバンクの合弁子会社が，AIを使用して情報分析を行い個人に対してスコアリングを行うJ.Score（ジェイスコア）と呼ばれるサービスを開始した。金融機関は，J.Scoreの採点するスコアを使用することによって，融資をする際に個人に対する金利や限度額をスピーディかつ的確に決定することができるようになる。個人にとっては，融資の与信チェックが迅速に行われるというメリットがある。コンビニエンスストアでは，店舗ごとに年代別・性別による購買履歴や在庫情報，周辺のイベント情報などのさまざまな情報を活用して商品管理を行っており，小規模な店舗でも消費者の欲しい商品が常に売切れのないようにサービス提供を行っている。

このように高度情報化社会では，多くの企業で，サイバー空間のさまざまな情報を収集・連携・分析・活用することによって，顧客の嗜好や興味，行

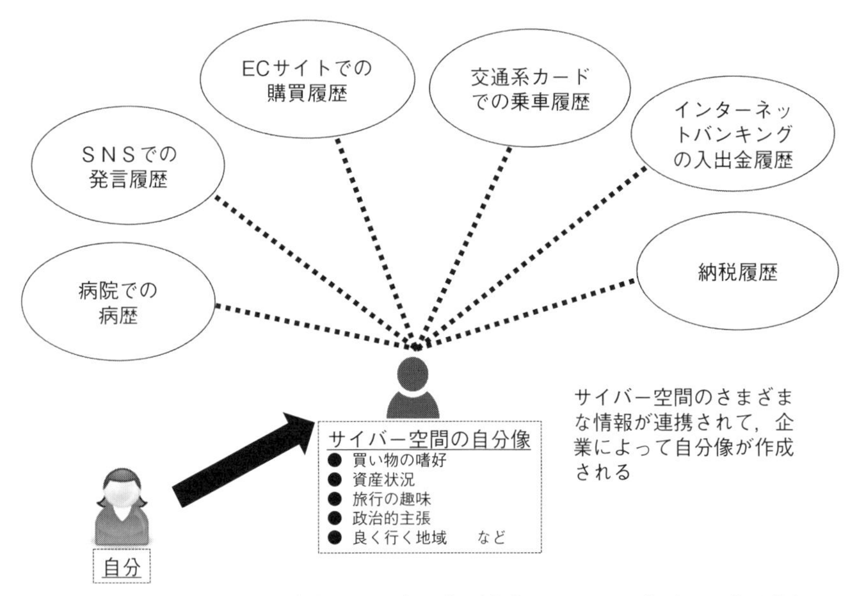

図1.1　サイバー空間で確立される自分像（企業からみた顧客ごとの自分像）

動を把握し，顧客に対して的確なサービスを提供している。つまり，企業はターゲットとする顧客に対して，さまざまな情報を活用することによって，企業からみた顧客ごとの自分像を確立し，その自分像に合ったサービスを提供している。逆に，消費者個人からみると，図1.1に示すようにサイバー空間における自分像が，自分の知らない間に勝手にいくつも作成され，結果として自分に合ったサービスを利用している状態となっている。

1.2　ID 社会の到来

1.2.1　ID 社会の現状

21世紀以降インターネットの爆発的普及，ソーシャルメディア活用者の急速な広がり，クラウド環境の普及，データベース技術の進歩などにより，廉価に速く大量のデータを収集・蓄積し，分析・活用することを可能とする技術的環境が整ってきた。情報技術の発展に伴い，利用者は企業から提供される情報システムを使用して，多くのサービスを利用している。企業では，企業の競争力向上を目指してさまざまな大量の情報を活用して情報システムを開発し，事業活動を行っている。

たとえば，総務省発行の「平成29年度版情報通信白書[10]」によれば，2016年のインターネット利用者数は，2015年より38万人増加して1億84万人，人口普及率は83.5%（前年比0.5ポイント増）である。また，代表的なSNSであり経年比較可能なLINE，Facebook，Twitter等のサービスのいずれかを利用している割合をみると，2012年の41.4%から2016年には71.2%にまで上昇しており，SNSの利用が社会に定着してきたことがうかがわれる。また，一部でもクラウドサービスを利用していると回答した企業の割合は46.9%であり，前年の44.6%から2.3ポイント上昇している。このような環境が整ってきたことにより，図1.2に示すように，サイバー空間に存在するさまざまな大量の情報を活用し，顧客分析やマーケット分析を行い，製品やサービス開発を行うことが可能な時代となってきた。

そして，さまざまな大量の情報活用のためには，サイバー空間に存在する数多くの情報に対して，個人を識別するためのID（識別子）を付番し，そのIDに紐づいた情報を収集・蓄積・分析し，さらにはそれらの情報を，IDを使用して幅広く連携させることが必要となる。たとえば，文献[11][12]にあるように，企業は顧客である個人の購買履歴に対して，自社サイトでの購買履歴だけではなく，他社のさまざまなサイトでの購買履歴や閲覧履歴に対してIDを使用して広く情報収集し連携させて分析することによって，その顧客に対してより適切な購買のレコメンド情報を提示したり，そのレコメンド内容のクーポン券を送付したり，ポイントを優遇するなどといったことを行うことによって，売上げの拡大を図っている。

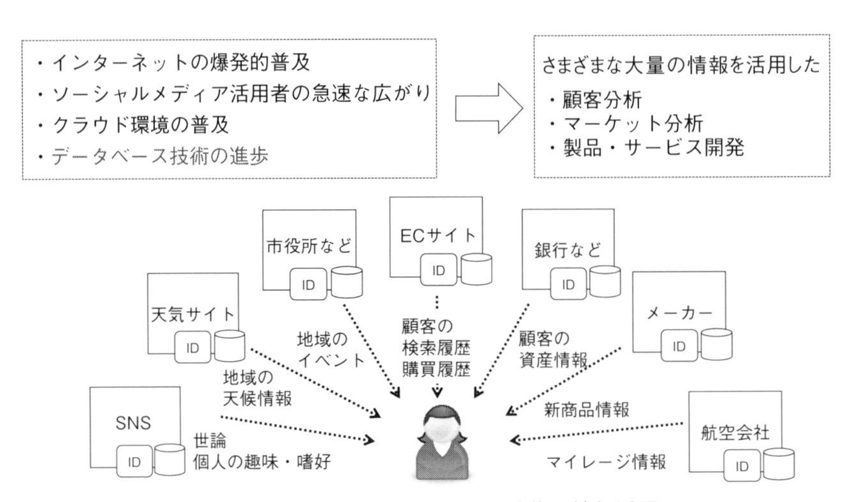

図1.2　ビッグデータ，IoT，AI時代の情報活用

このように，ヒト（顧客）に付番したIDを使用してそのIDに紐づいた情報を連携し活用することによって，ビジネス機会を拡大する動きが活発になってきている[13][14]。IDを使用して，IDに紐づいた情報を連携することを「ID連携」と呼ぶが，表1.1の文献［13］から抜粋した「ID連携を活用したサービスの事例」に示すように，数多くの企業において「ID連携」が実施されている。

さらに，IoT時代を迎えて，多くのモノにもIDを付番し，モノのIDに紐づく情報を活用してビジネスに役立てる動きも出現してきた。たとえば，自動車の運転履歴情報を活用して，運転者の自動車保険料を割り引くなどの新しいサービス[15]の出現である。このようなモノの情報とヒトの情報に対してIDを使って連携して活用することも頻繁に行われてきている[16][17]。すでに日本では，口座番号やクレジットカード番号，マイナンバーなどヒトに付番されているID，自動車に付番されている車台番号や鍵の製造番号などのモノに付番されているID，電子マネーやプリペイドカードなどのカネに付番されているIDなど，多くのヒト・モノ・カネに対してIDが付番されて

表1.1　ID 連携を活用したサービスの事例（文献［13］より引用）

事業者	会員数・契約者数（2012年２月時点）	提供サービス	ID 連携技術（プロトコル）
ヤフー	アクティブユーザー：約2500万 Yahoo！プレミアム：約760万	認証，ポイント	OpenID2.0＋OAuth1.0a
グーグル	１億7000万（Gmail アカウント数）	認証，アドレス，決済	OpenID2.0＋OAuth1.0a
Twitter	１億7500万（国内推定約1100万）	認証，ソーシャルグラフ	OAuth1.0a
Facebook	５億5000万（国内推定170万）	認証，ソーシャルグラフ	OpenID2.0ドラフト
ミクシィ	2000万超	認証，ソーシャルグラフ	OpenID2.0＋OAuth1.0a ドラフト
NTTID ログイン NTT ドコモ OCN goo	延べ7000万 約5600万 約800万 約900万	 認証，決済 認証 認証	 OpenID2.0＋独自 API OpenID2.0 OpenID2.0
KDDI	約2500万	認証，年齢認証，決済	OpenID2.0＋独自 API
ソフトバンクモバイル	約3200万	認証，決済	OpenID2.0＋独自 API
楽天	約6700万	認証，決済	OpenID2.0
日本航空	約2000万	認証，属性連携	OpenID2.0＋独自 API
PayPal	国内約150万	決済	OpenID2.0

（注）OpenID2.0：OpenID 仕様の Ver.2.0版
OAuth1.0a：OAuth 仕様の Ver.1.0a 版
独自 API：標準仕様に対して企業独自の仕様を API として追加
ドラフト：標準仕様のドラフト版

いる。そして，これらのIDを使用した情報システムが多数構築され，IDを使用して情報を連携させることにより，利便性の高いサービスが提供されている。これが図1.3に示す「ID社会」である。「ID社会」とは，IDを使用してさまざまな大量の情報を収集して，情報連携を行い，顧客分析やマーケット分析などのために情報活用を行う社会のことである。ビッグデータ，IoT，AI時代は，同時に「ID社会」の到来と言うことができる。

1.2.2　ID使用の混乱―氾濫と乱用―

さて，現代のID社会においては，口座番号やクレジットカード番号など金融機関が発行管理するID，ポイントカードや病院の診察券などに記載されるサービス提供元が発行するID，運転免許証番号や旅券番号などの資格証明書に付番されているID，電子マネーやプリペイドカードなどに付番されているID，銀行のインターネットバンキングにログインするためのログインIDなど，すでに数多くのIDが付番されている。ログインID一つを例にとってみても，実に多くのログインIDが付番，発行されている。情報処理推進機構が発行した「2016年度　情報セキュリティの脅威に対する意識調査[18]」によれば，国民一人当たりが保有し管理しているログインID数は，2個以上の保有者の割合が63.2%，5個以上の保有者割合が33.3%，21個以上の保有者割合が9.7%にのぼっている。野村総合研究所が実施した「生活に関するアンケート調査[19]」によれば，2011年時点において，生活者がログインIDを使用して利用するサイト数は平均19.4サイトである。その他にも，ヒトの識別子として使用されるIDや身元証明書として使用されるID，モノの識別子として使用されるIDを含め，非常に数多くのIDが付番され，情報が紐づけられている。そして，そのIDと情報を使用した情報システムが数多く開発されている。言い換えると，現代社会はIDの「氾濫状態」にあると言える。

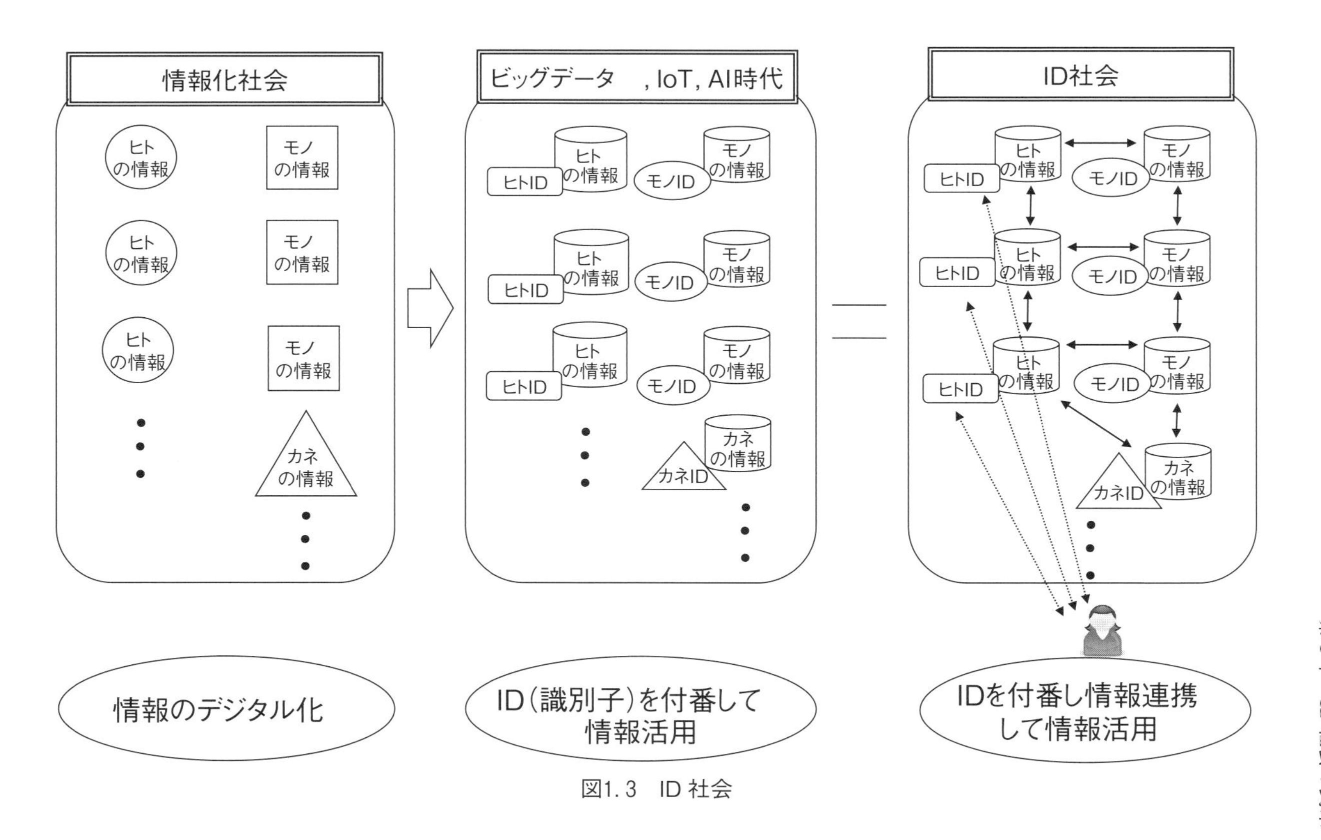
情報化社会
ヒトの情報
モノの情報
カネの情報
情報のデジタル化
ビッグデータ　，IoT, AI時代
ヒトID
モノID
カネID
ID（識別子）を付番して情報活用
ID社会
IDを付番し情報連携して情報活用

図1.3　ID社会

一方で，IDという用語は，実に多種多様な意味で多義的に使用されている。かつ，外来語であることも手伝って，非常に曖昧に使用されている。「ID」という言葉を聞いて，皆さんは何を思い浮かべるだろうか？　「IDは何の略称？」と聞かれると，多くの人は「Identity」と答えたり，「IDカード」や「ID番号」と答えたり，きっとさまざまな答えが返ってくることになるだろう。実際に，IDという用語は，ログインID，ID番号，ID連携・電子認証におけるアイデンティティ[20]，IDカード，アイデンティティの略称，企業が発行する個人IDの総称，企業の提供するサービスのブランド名など，実に多くの異なった意味合いで使用され，すなわち多義的に使用されている。そして，これら全ての用語は省略してIDと呼ばれることも多く，IDという用語の使用は「乱用状態」にあると言える。

以下に，IDという用語の主な使用例をまとめる。

・ログインID

サイトにログインするためにパスワードとペアで使用されるアカウント名であり，ユーザIDやユーザアカウントと呼ばれることもある。日常的には，省略して単純にIDやID番号と呼ばれることもある。ログインIDは，本来はサイトにログインする際にパスワードとの組合わせを確認して認証を行う情報の一部であるため，他者にむやみに提示すべき情報ではない。しかし，ログインIDの一部は，他者に提示する機会の多いメールアドレスや銀行の口座番号を兼用するケースも多いのが現状である。

・ID番号

ID番号は，健康保険証番号や，運転免許証番号，基礎年金番号，旅券番号，口座番号などさまざまな用途で使用されている用語である。ヒトやモノを識別するために使用される。前述のログインIDのことをID番号と呼ぶケースも多い。

・ID連携，ID管理，電子認証におけるアイデンティティ

情報技術の分野で使用される用語である。電子認証におけるアイデンティティは，前述のログインIDと識別子としてのID番号の2つを併せ持ったアカウント情報（情報技術の分野で，情報システム使用者を識別するための情報を意味する）の総称である。しかし，情報技術の分野においても，IDという用語は統一されて使用されていないため，情報システムの設計段階で単純にログインIDとID番号を一緒にしてしまうケースも多く，プライバシー侵害の問題発生原因の一つにもなっている。たとえば，主体認証においてログインIDは識別コードと呼ばれ，データベース設計時には主キーとなるID番号は単純にIDと呼ばれ，書物によってはログインIDのことをIDと呼ぶケースも多く，情報技術分野一つをとってみても，IDという用語は明確な定義や秩序を保って使用されている状態ではない。

・IDカード

運転免許証，旅券（パスポート），個人番号カード，診察券，社員証，スポーツクラブ会員証，キャッシュカード，ポイントカード，電子マネーのプリペイドカードなどID番号やログインIDが記載されているカードを総称してIDカードと日常的に呼んでいる。IDカードのことを省略して，IDと呼ぶケースも散在する。IDカードには，運転免許証や旅券，個人番号カード，健康保険証のように身元証明書として使用可能なモノとそうでないモノが存在する。社員証やスポーツクラブ会員証のように，入館時のチェックのため所有物認証に使用されるモノもあり，さまざまな用途に使用されている。また，IDカード上には，多くの場合ID番号が記載されている。たとえば，個人番号カード上には，他者にむやみに提示してはいけないマイナンバーが記載されている。運転免許証や旅券，キャッシュカード上には，他者に提示することも多い運転免許証番号や旅券番号，口座番号などのID番号が記載されている。

・アイデンティティの略称

「この国のアイデンティティは何か？」「あなたの会社のアイデンティティは？」「君自身のアイデンティティを確立しなさい」などの使い方で，IDは本質的自己規定を意味するアイデンティティ（Identity）の略称としても使用される。日本人が，「IDは何の略称？」と質問されたときに最初に思い浮かぶのがアイデンティティ（Identity）であろう。

・企業が発行する個人IDの総称

Yahoo! JAPAN IDやSoftBank ID，au IDなど，企業がサービスを提供する際に，個人を識別するために発行している識別子としてのID番号の総称（ブランド名）である。

・企業が提供するサービスのブランド名の一部

三井住友カードiDやFRAY I.Dなど，企業が提供するサービス名のブランド名の一部にIDが使用されているケースである。三井住友カードiDのようにIDカードの逆になっている紛らわしいブランド名もある。

このように，現代社会は数多くのIDが付番，発行されたIDの「氾濫状態」にある，と同時に，IDという用語は多義的かつ曖昧に使用される「乱用状態」でもある。自分に対して，どんなIDが付番され，そのIDにどんな情報が紐づけられ，そのIDと情報が誰によってどんな活用をされているのかを全て把握し，管理できている人は少ないことだろう。つまり，現在のIDの使用状態は，氾濫と乱用による混乱状態（図1.4）にあり，そのことによって，2.1節に示すような多くのプライバシー侵害の問題が発生している。

1.3　ID社会の仕組み

本節では，ID社会の仕組みとして，ID社会の構成要素と，ID社会を支

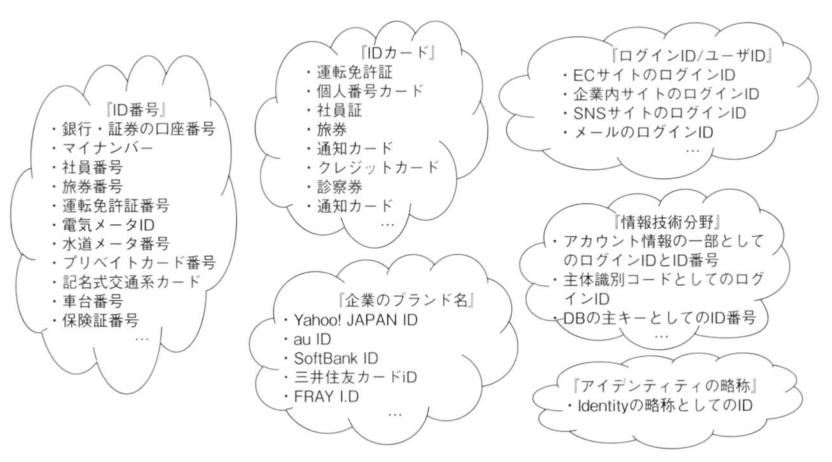

図1.4　ID使用の混乱状態（氾濫と乱用）

える情報技術と法制度についてまとめる。

1.3.1　ID社会の構成要素

ID社会の構成要素を情報システムの視点から考えると，図1.5に示すように，IDを使用して情報システムを開発しサービスを提供するシステム提供者と，IDを使用して情報システムを利用するシステム利用者から構成される。

①システム提供者

IDを付番し，そのIDに情報を紐づけ，情報を収集・連携・分析・活用して情報システムを構築してサービスを提供する者である。

②システム利用者

システム提供者から提供される情報システムを使用して，サービスを利用する者である。

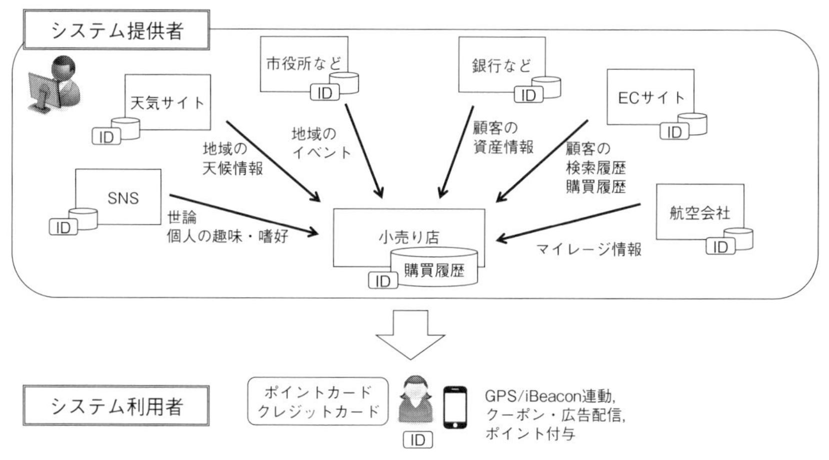

図1.5　ID 社会の構成要素

1.3.2　ID 社会を支える情報技術と法制度

ID を使用して情報活用をする情報システムの構築を行うには，プライバシー保護が確立された状態で，効率的に情報活用を行う情報システムの開発を迅速かつ高品質に実現することが重要となる。効率的に情報活用を行うためには，複数のサービス間で情報連携を行うことが必要となる。サービス間で情報連携を行うことは ID 連携と呼ばれるが，近年，その実現のための情報技術の研究開発は進み，関連する法制度の整備も行われてきた。ID 連携を行う情報システム開発に必要となる ID 連携技術[7]や ID 管理技術[8]，情報セキュリティ技術など数多くの情報技術が開発され，サイバーセキュリティ基本法や個人情報保護法，不正アクセス禁止法，特定電子メール法などの関連法制度の整備も進んできた。以下に，関連する主な情報技術と法制度についてまとめる。

（１） ID 社会を支える主な情報技術

・ID 連携技術：複数のサイトの間で，ID を使用して，当該主体に関する（認証結果を含む）情報の集合を交換・利用する情報技術である。SAML[21]，OpenID[22]，OAuth[23]といった ID 連携（認証・認可）の技術が開発され，標準化が進み，これらの ID 連携技術を使った情報システム構築は普及期を迎えている。

・ID 管理技術：ログインアカウント名やパスワードなどのユーザアカウントに関連する ID 情報を一元的に管理する情報技術のことである。現在では，LDAP という通信プロトコルに対応した ID 情報を管理するディレクトリーサービスが多数開発され，運用されている。

・情報セキュリティ技術：情報システムを取り巻くさまざまな脅威から，情報資産に対する機密性・完全性・可用性の確保を行いつつ，情報資産を正常に維持するための情報技術のことである。暗号化技術や不正プログラム対策，アクセス制御ソフトウェアなど，日々新しい情報セキュリティ技術の開発が行われている。

（２） ID 社会を支える主な法制度

・憲法：憲法13条では，「すべて国民は，個人として尊重される。生命，自由及び幸福追求に対する国民の権利については，公共の福祉に反しない限り，立法その他の国政の上で，最大の尊重を必要とする」と定めている。そして，憲法13条に定められる「個人の尊重」，「幸福追求権」の一つとしてプライバシー権が認められている。最近では，プライバシー権の解釈として，「どんな自己情報が集められているかを知り，不当に使われないよう関与する権利（自己情報コントロール権）」が認められている。（詳細は2. 3. 1項を参照）

・基本法：ID 社会に関連する基本法として，2001年施行の IT 基本法（高度情報通信ネットワーク社会形成基本法）と2015年施行のサイバーセキュリティ基本法がある。IT 基本法には，日本が世界最先端の IT 国家になるための IT 戦略の基本方針や施策が定められている。サイバーセキュリティ基本法には，サイバーセキュリティに関する施策を総合的かつ効率的に推進するため，基本理念を定め，国の責務等を明らかにし，サイバーセキュリティ戦略の策定その他当該施策の基本となる事項等への対応方針が定められている。

・民事法：民法709条に「不法行為（プライバシー権の侵害を含む）による損害賠償請求」が定められている。個別の政策を実現するために制定される個別法として，著作権法や不正競争防止法などがある。

・刑事法：刑法の中に，コンピュータウィルスに関する不正指令電磁的記録に関する罪や，電子計算機使用詐欺罪など ID 社会に関連する多くの犯罪行為が定められている。個別法として，セキュリティホールをついた攻撃を禁止する不正アクセス禁止法などもある。

・行政法：ID 社会に関連する個別法として，個人情報保護法（さらに，その特別法としての番号法）や，e-文書法，電子署名・認証法，特定電子メール法，電気通信事業法などがある。

以上に示した ID 社会を支えているプライバシー保護，個人情報保護，情報セキュリティ確保に関連する主な法制度を表1.2にまとめる。

そして，図1.6に示すように，システム提供者は，関連する法制度を理解し遵守したうえで，ID 連携や ID 管理といった多くの情報技術を活用して ID を使用した情報システムを構築し，サービスを提供している。システム利用者は，提供された情報システムを利用して，多くのサービスを享受している。加えて，システム利用者は情報社会の一員として，関連する法制度を理解したうえで，被害者にも加害者にもならないように注意して，さまざまな情報システムを利用しなければならない。

このように ID 社会を支える情報技術は進歩し，関連する法制度の整備は

表1.2　ID社会を支える主な法制度

<table>
<tr><td colspan="3">【憲法】
・憲法13条：幸福追求権（プライバシー権）
・憲法21条：通信の秘密</td></tr>
<tr><td colspan="3">【基本法】
・IT基本法：IT戦略の基本方針
・サイバーセキュリティ基本法：サイバーセキュリティに関する施策</td></tr>
<tr><td>【民事法】
・709条：損害賠償請求
・不正競争防止法
・著作権法
など</td><td>【刑事法】
・168条：不正指令電磁的記録に関する罪
・246条：電子計算機使用詐欺罪
・不正アクセス禁止法
など</td><td>【行政法】
・個人情報保護法
・番号法
・電気通信事業法
・電子署名・認証法
・特定電子メール法
など</td></tr>
</table>

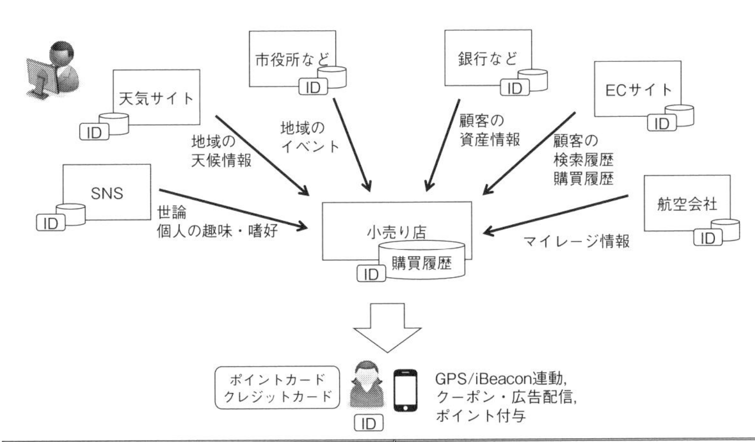

【情報技術】	【法制度】
・ＩＤ連携技術 ・ＩＤ管理技術 ・暗号化技術 ・不正プログラム対策 ・アクセス制御 など	・憲法 ・ＩＴ基本法，サイバーセキュリティ基本法 ・民事法，不正競争防止法 ・行政法，個人情報保護法，番号法，電子署名・認証法 ・刑事法，不正アクセス禁止法 など

図1.6　ID社会を支える情報技術と法制度

かなり進んできた。その一方で，前述したように情報漏洩によるプライバシー侵害の問題発生は後を絶たない。

筆者は，約30年の間，IT 企業に籍を置き，ID 連携や ID 管理にかかわる数多くの情報システムの設計，開発，システムコンサルティング活動を行ってきた。加えて，OpenID[22]という ID 連携技術の標準化活動にも携わり，標準化団体である一般社団法人 OpenID ファウンデーション・ジャパン[6]の代表理事として積極的に標準化と普及の推進活動を行ってきた。その実務経験から省みると，後を絶たない情報漏洩によるプライバシー侵害問題の発生原因は，以下の２つにあるのではないかと強く感じてきた。

・システム開発者の視点からみると，多種多様な ID が数多く付番・発行され，かつ ID という用語が多義的に使用されていることにより，ID の特性を正しく理解せずに ID の使用方法を間違って業務設計やシステム設計を行ってしまっている。
・システム利用者の視点からみると，自分に付番された ID の数や種類が多過ぎることによって，自分に関連する ID と ID に紐づいた情報を正しく把握し管理することができていない。

これらは，システム開発者とシステム利用者の双方に存在する課題である。実際，IT 企業での情報システム開発の現場において，ID の多義的な使用と ID の数の増大に起因する情報漏洩が引き起こすプライバシー侵害の問題は後を絶たず，「プライバシー保護の確立」は情報社会における大きな課題となっている。そして，それらの課題は，従来からの情報技術の進歩と法制度の整備だけでは解決しきれない課題である。

一方で，ID を使用して大量の情報を利活用する情報社会においては，効率的に（迅速で廉価に）情報連携を実現することも必須である。ID を使用した情報連携のための情報技術は近年急速に進歩しており，SAML[21]，

OpenID[22]，OAuth[23]といった認証・認可のID連携と呼ばれる技術が標準化され，普及期を迎えている。つまり，技術的には事業者間で情報連携を行うための情報システム構築は容易に実現できる状態にあるのである。実際にそのための情報システムが数多く構築され運用されている。しかし，事業者間で情報連携を行うためには，事業者間でのセキュリティポリシーや個人情報保護方針，責任分界点，賠償責任範囲などの確認や調整，契約行為などに多くの時間とコストが費やされており，技術的側面以外の負担が課題となっている。この「効率的な情報連携の実現」のための課題も，情報技術の進歩と法制度の整備だけでは解決できない課題である。

IDを使用し，情報を利活用する情報社会においては，「プライバシー保護の確立」と「効率的な情報連携の実現」の両立が必須である。そして，その実現のためには，今までの情報技術の進歩と法制度の整備だけでは解決できない課題を抱えている。そこで本書では，IDを使用した情報の利活用の視点から，ID社会の抱える課題について，特に情報技術の進歩と法制度の整備だけでは解決できない課題に焦点を当てて考察し，課題の明確化を行う。そして，その課題解決のための具体策を提案し有効性を確認する。本書の構成は以下のとおりである。

第2章では，現在のID社会の現状を分析し，「プライバシー保護の確立」と「効率的な情報連携の実現」を両立するための課題を明確にする。まず，IDに関連する用語の多義的な使用から発生している「プライバシー保護の確立」の課題について整理を行う。同様に，IDの数の増大から発生している「プライバシー保護の確立」の課題について整理する。総務省の「IDビジネスの現状と課題に関する調査研究」[24]の報告書の中でも，保有するID数の増大から発生するID管理負担増によるプライバシー侵害の懸念が指摘されている。次に，ID連携が頻繁に行われる状況の中での，事業者間で情報連携をするためにかかり過ぎている時間とコストの課題について整理する。第2章で整理するID社会の抱える課題をまとめると，以下の3つである。

・IDの多義的な使用から発生するIDの誤用などによる「プライバシー保護の確立」の課題
・IDの数の増大から発生するIDの管理負担増などによる「プライバシー保護の確立」の課題
・事業者間でのID連携にかかわる事務的作業負担の増大による「効率的な情報連携の実現」の課題

第3章では，IDに関連する用語の多義的な使用から発生する課題解決策として，ID社会におけるID使用の全体を俯瞰したIDに関連する用語の定義を行い，用語の統一を提案する。IDに関連する用語の定義を明確化することが，ID使用に秩序を保ち，「プライバシー保護の確立」を実現するための課題解決策の第一歩であり，土台となる。

第4章では，第3章で示したIDに関連する用語の定義に従い，多義的に使用され，大量に付番，発行されているIDを分類し体系的に整理する。IDの分類は，IDの使用目的と特性を考慮し，詳細に整理・分類する。そして，そのIDの分類ごとにID使用ガイドラインを作成し提案する。ID使用ガイドラインの提案は，システム提供者とシステム利用者の双方の視点から整理を行う。そして，これらの提案が，第2章で示したIDの多義的な使用とID数の増大に起因する「プライバシー保護の確立」の課題の解決策となり得ることを検証する。

第5章では，IDの数の増大から発生する「プライバシー保護の確立」の課題に対して，より具体的な解決策としてマイナンバー制度の有効活用について考察する。マイナンバーは，2015年10月に施行された「行政手続きにおける特定の個人を識別するための番号の利用に関する法律」(略称：番号法)[25]によって導入された。国民に付番する唯一無二のマイナンバーと呼ばれる識別子であり，国民全員に強制的に付番された史上最強の識別子としてのIDである。現在大量に付番，発行されている識別子をマイナンバーにある程度集約することは，増大する ID の数を削減する有効な解決策となる。さらに，マイナンバー制度は国民全員に新たな身元証明書として個人番号カード（通称：マイナンバーカード）を提供することも目標としており，ID の一つである身元証明書としての ID カードを個人番号カードに集約することで，ID カードの数の増大へ歯止めをかけることもできる。一方で，現行のマイナンバー制度は，プライバシー侵害を増長させるという指摘もある[26][27][28]。そこで本書では，まず現行のマイナンバー制度の抱えるプライバシー侵害の課題を明確化し，解決策を提案する。その解決策の提案によってプライバシー侵害の不安を払拭したうえで，マイナンバー制度の有効活用について提案する。

第６章では，ID を使用して情報連携を積極的かつ効率的に行うシステム基盤である ID エコシスムの実現について考察する。ID エコシステムとは，複数の事業者のサイト間で ID 連携を実現することによって，業界内での情報流通と取引を活性化させ，ビジネスの発展を促進するエコシステムのことである。その実現により事業者間での情報連携にかかる時間とコストの負担を軽減することが可能となる（野村総合研究所発行の第148回 NRI メディアフォーラム資料[29]）。そして，その実現のために，事業者間での信頼関係構築を効率的に行う仕組みである ID 連携トラストフレームワーク構築の検討が経済産業省や総務省を中心に行われている[30][31][32]。しかし，その検討は緒に就いたばかりであり，実用化に向けた今後の検討が期待されている。そこで本書では，先行する米国事例を参考にして国内の ID 連携トラストフレームワーク構築についての現状の課題を整理し，その解決策を提案する。特に，システム利用者視点からの信頼要件の整理と仕組み作りを提案することによって，ID 連携トラストフレームワーク構築の実現を具現化するとともに，第２章で示した課題の解決策を考察する。

第７章では，「プライバシー保護の確立」と「効率的な情報連携の実現」が両立した情報社会の構築，つまり「安心安全で便利な ID 社会基盤」の構築について，実現のための課題解決策をまとめる。また，今後の研究課題についても言及する。最後に，われわれがより豊かな情報社会を迎えるために必要となる，「積極的な情報活用」と平衡した「プライバシー保護の確立」の実現について，そのあるべき姿を，ID使用の視点から「超ID社会」としてまとめを行う。

付録には，本書において提案した「ID」に関する「用語の定義」「分類」「使用ガイドライン」「マイナンバー制度の見直し・改善策」の研究結果をまとめている。さらに，付録中の3つのコラム欄では，実社会での使用されているさまざまなIDの分類方法，ログインIDとパスワードの使用方法，個人情報保護法における「個人識別符合のグレーゾーン問題」の解決策など，より具体的なテーマについて言及している。

第2章 ID社会の課題

IDは氾濫し，IDは乱用され，
ID使用の秩序が乱れている。
↓
「積極的な情報活用」と
「プライバシー保護の確立」の両立が難しく，
多くの課題が発生している。

本章では，ID 社会の抱える課題について，情報技術の進歩と法制度の整備だけでは解決できない課題について考察し，明確化する。加えて，ID 社会における「プライバシー保護の確立」とは何か，課題解決策として必要となる「安心安全で便利な ID 社会基盤」構築とは何かについて述べる。

2.1　ID 使用の混乱から発生する「プライバシー保護の確立」の課題

本節では，ID 社会の抱える課題について，「プライバシー保護の確立」の課題に焦点を当てて考察し，課題を明確化する。

１章で述べたように現代は ID 社会である。口座番号やクレジットカード番号など金融機関が発行管理する ID，ポイントカードや病院の診察券などに記載されるサービス提供元が発行する ID，運転免許証番号や旅券番号などの資格証明書に付番される ID，電子マネーやプリペイドカードなどに付番される ID，銀行のインターネットバンキングにログインするためのログイン ID など，実に数多くの ID が付番されている。ID の「氾濫状態」にあるといえる。そして，これらの ID を使用した情報システムが多数構築され，ID を使用して情報連携をさせることにより，利便性の高いサービスが提供されている。また，ID という用語に焦点を当ててみると，ログイン ID や利用者 ID，ID 番号，ID カード，アイデンティティの略称としての ID，電子認証におけるアイデンティティの略称としての ID，企業のブランド名の一部など，さまざまな意味合いで使用されている。用語としての ID は，多義的に使用され，「乱用状態」にあるといえるのである。

ID 社会における ID を使用した情報活用のシステム構築には，「プライバシー保護の確立」が不可欠である。しかし，ID という用語が多義的に使用され，さらに付番，発行されているIDの数が増大している状態の中で，IDを使用した情報システムが続々と数多く開発されることによって，多くのプライバシー侵害の課題が発生している。本節では，それらの課題について分析し，整理する。

2.1.1 IDの多義的な使用から発生する課題—ID乱用の問題—

IDという用語は，さまざまな意味に使用されている。情報技術分野において使用されるIDだけではなく，Yahoo! JAPAN IDやau IDのような企業のブランド名や，アイデンティティの略称やIDカードのように日常生活でよく目にしよく使う用語としても使用されている。

表2.1 IDという用語の多義的な使用例

用語の例	用語の使われ方
ログインID (ユーザID, 利用者ID)	サイトにログインするためにパスワードとペアで使用されるクレデンシャル情報の一部。主体認証における識別コードのこと。
ID番号	ヒト・モノ・カネを識別するために使用される識別子。データベース設計の主キーの識別子としても使用される。
ID連携，ID管理，電子認証におけるアイデンティティ	アイデンティティと訳され，身元を識別する情報全体を意味する。具体的には，前述の「ログインID」と「ID番号」の2つを併せ持ったアカウント情報の総称として使用される。
IDカード	身元証明書に対して使用される。入館証やキャッシュカードなどの身元証明書ではないカードにも使用される。
アイデンティティの略称	「君自身のIDを確立しなさい」などの使い方で，本質的自己規定を意味するアイデンティティの略称として使用される。
企業が発行する個人IDの総称	企業が個人を識別するために発行している識別子の総称（ブランド名）として使用される。 （例）Yahoo! JAPAN ID，SoftBank ID，au ID　など
企業提供のサービスのブランド名の一部	企業が提供するサービスのブランド名の一部として使用される。 （例）三井住友カードiD，FRAY I.D

ID用語の例を表2.1にあげた。それらは，全てIDという用語に省略されて日常的に使用されている。そして，それぞれが明確に使い分けられることなく，IDという用語で多義的に使用されることによって混乱が生まれ，プライバシー侵害の課題が発生している。以下に，これに関係する課題について検証する。

（1）ログインIDとID番号の混同から発生する課題

2018年情報処理推進機構が発表した「情報セキュリティ10大脅威2018[33]」から個人に対する部分を表2.2に示す。

「ウェブサービスの不正ログイン」の脅威は，2017年度は４位，2018年度は５位である。つまり，ログインIDとパスワードを本人以外の他者が使用してサイトに不正ログインする脅威は非常に高い状態にある。不正ログイン対策のためには，ログインIDとパスワードの組合わせを他者に知られることをいかに防止するかが重要となる。

表2.2　個人に対する情報セキュリティ10大脅威2018（文献［33］より引用）

順位	脅威内容	昨年順位
１位	インターネットバンキングやクレジットカード情報等の不正利用	１位
２位	ランサムウェアによる被害	２位
３位	ネット上の誹謗・中傷	７位
４位	スマートフォンやスマートフォンアプリを狙った攻撃	３位
５位	ウェブサービスへの不正ログイン	４位
６位	ウェブサービスからの個人情報の窃取	６位
７位	情報モラル欠如に伴う犯罪の低年齢化	８位
８位	ワンクリック請求等の不当請求	５位
９位	IoT機器の不適切な管理	10位
10位	偽警告によるインターネット詐欺	番外

不正ログイン防止のためには，情報処理推進機構発表の「パスワードリスト攻撃による不正ログイン防止に向けた呼びかけ[34]」にあるようにパスワードの使い回しをしないように呼びかけが行われている。加えて，政府機関の情報セキュリティ対策のための統一管理基準[35][36]にあるように，主体認証における識別コード[37]であるログインIDは，「本来はそれを知る必要のない者に知られるような状態で放置してはいけない」「自己に付与された識別コードを適切に管理すること」とガイドライン化されている。

しかし，実際に運用されているサイトでは，ログインIDに「他者に対して頻繁に提示する必要のあるID番号」を使用してしまっているケースが散見される。たとえば，インターネットバンキングのログインIDに銀行の口座番号を使用しているケース，大学のシステムへのログインIDに学籍番号を使用しているケースなどがあげられる。銀行の口座番号は振込先情報として他者に頻繁に提示する情報であり，学籍番号は大学でのレポート資料などに頻繁に記入して提出する情報であり，それらを使用することは，サイトのログインIDを知る必要のない他者に頻繁に提示してしまっているのである。これは識別子としてのID番号とログインIDを安易に同一化して業務設計やシステム設計が行われたことにより発生している課題である。

（2） IDカードとカード上に記載するID番号の多義性から発生する課題

マイナンバーのように他者にむやみに教えてはいけない，大切に管理しなければならないID番号がある。そのマイナンバーは個人番号カード(通称：マイナンバーカード) という身元証明書として使用するIDカード上に記載されている。一方，運転免許証には，運転免許証番号が記載されている。個人番号カードも運転免許証も，公に身元確認のための身元証明書として使用が認められたIDカードである。この2つのカードの実際の利用シーンを検証してみる。たとえば，本人限定受取郵便の受け取り時に，配達員に運転免許証を提示し，配達員が運転免許証番号を控えるケースがある。運転免許証の代わりに個人番号カードを使用することが可能であるが，その際に運転免許証番号の代わりにマイナンバーを控えることは，番号法で規定されている税・社会保障業務以外でのマイナンバーの取得禁止事項に該当するため番号法違反となる。ほとんどの方が，この行為が法令違反であることを理解できていないであろう。仮に配達員からマイナンバーの提示依頼があった場合に，本来であれば毅然と拒否をする必要があるが，どれだけの人が拒否することができるであろうか。

運転免許証というIDカードに記載されている運転免許証番号は，運転免許証というモノを管理するために付番された券面管理番号であり，モノに対して付番されたID番号であるため，その使用目的に法律上の制限はない。一方，個人番号カードに記載されているマイナンバーは，税・社会保障の一体改革を目的にヒトに対して付番されたID番号であり，その使用目的は番号法によって規定され，税・社会保障業務の分野に限定されている。しかしながら，個人番号カードそのものの使用については，税・社会保障業務の分野に限定せず身元証明書として幅広く使用されることが推奨されている。ここで取り上げた本人限定郵便の受け取り時に身元確認として使用できるIDカードに記載されている2つ（運転免許証番号とマイナンバー）のID番号の特性は大きく異なっている。そのため個々にID番号の取り扱いを分ける必要があるのである。IDカードの利用シーンにおいて，身元証明書として使用できるIDカード上に記載されているID番号がもつ多義性による混乱から発生している課題例である。

（3）　連携する識別子であるID番号が多様であることから発生する課題

ビッグデータ時代，IoT時代を迎え，ID番号を使用した情報連携がヒト・モノ・カネの垣根を越えて頻繁に行われるようになった。そのため，当初はモノに対して付番されていたID番号が，ある日突然特定のヒトと結びついたID番号と連携されるケースが頻繁に発生している。スマートメータ情報や自動車の運転履歴情報などのモノの情報とヒトを連携させて，新たなサービスが開始されている。

ここでは自動車を例にして見てみよう。車には車台番号が付番されている。これは車というモノに付番されたID番号である。仮に，その車台番号に運転履歴の情報（急発進，急加速，などの運転の状況に関する情報）が紐づけられているとする。車台番号と運転履歴情報は，それだけでは個人を識別することはできないので個人情報保護の対象とはならない。しかし，近年IoT時代を迎えて，車の運転履歴を，車を所有する人の運転免許証番号などの個人を特定する情報と連携することにより，個人に対して運転履歴の状況によって自動車保険料金の割引サービスを提供する新サービスの検討が始まっている[15]。車のディーラーからみると，個人が新サービスに加入した瞬間から，今まで個人情報保護の対象外として扱っていた車の運転履歴に関する情報を，保護の対象として扱わなくてはならなくなる。IoT時代では，こういったことが頻繁に発生することとなる。

つまり，今まではモノの情報として取り扱えばよかった情報が，個人を特定できるヒトの情報やID番号と連携された瞬間から，その情報は個人情報に変化し厳密な取り扱いが必要となる。ヒトやモノに対して多様に付番されているID番号の連携は，新たなプライバシー侵害を誘発することが懸念される。たとえば，鍵に付番された製造番号が，その鍵を使用しているヒトの住所を特定できるID番号と連携されることがあれば，その情報は，犯罪発生の温床となることが懸念される。例示した自動車の運転履歴情報の取り扱いも，個人情報保護法の考え方に従うと，運転履歴情報取得の段階から情報の取得と利用目的に関して，本人同意を取り直すなどの対応が必要となってくる。最近になって経済産業省はデータの取り扱いに関する企業向け指針をまとめている[38]。自動車メーカーは燃費や交通情報などのデータを取得する場合，個人とそれら情報に関する利用契約を締結している。しかし，メーカーは第三者に情報を渡して分析を依頼することについて，もとの契約では規定していないケースがある。経済産業省は，契約できちんと明記することを新しくこの指針で求めている。

情報連携技術の進歩によって，容易に情報連携のための情報システムを構築することが可能となった。そして，センサー技術の進歩と低廉化によってヒト・モノ・カネに，多くのIDが付番され情報が紐づけられている。IoT時代の到来によって，プライバシー侵害のリスクは高まる一方である[39][40][41]。

(4)　IDの多義性から発生する課題

表2.1に示したように，IDという用語は多義的にかつ曖昧に使用されている，そのことによって制度設計においても，以下に示すようなプライバシー侵害の課題が発生している。マイナンバー制度で導入された個人番号カードには，裏面にマイナンバーが記載されている。そして，そのマイナンバーには一見では読みにくくするために斜掛けが施され，配布された個人番号カードの付属カードケースではマイナンバー部分は塗りつぶされている（図2.1）。当初はマイナンバーを個人番号カードの表面に記載することで検討が進んできたが，マイナンバー制度のリリース直前になって，上記の処置が施されて

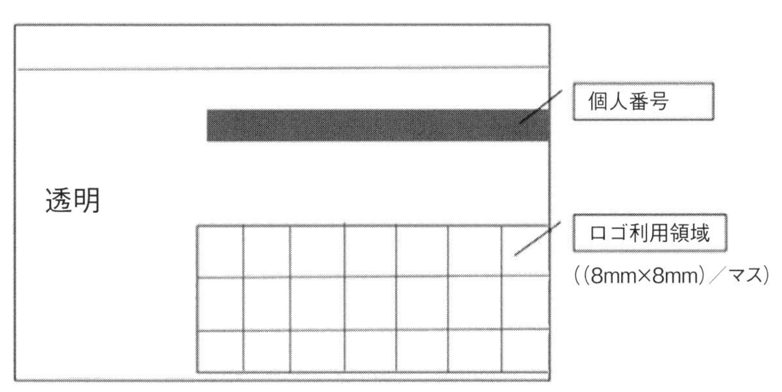

図2.1　個人番号カード向けに配布された付属カードケースの裏面
（文献［42］より引用）

きたという経緯がある。

個人番号カードは，他者に頻繁に提示する身元証明書として使用するIDカードである。本来であれば，そこに他者にむやみに見せてはいけないID番号を記載することは，「本人確認からみたマイナンバー制度に関する提言[43]」にあるように問題がある。しかし，マイナンバー制度では，

・税・社会保障の一体改革の実現のためにマイナンバーというID番号を導入しよう，
・そのID番号は身元証明書として使用できる個人番号カードというIDカード上に記載しよう，
・そのIDカードは電子政府へのログインアカウントとしての所有物認証の所有物としても使用しよう，

という制度設計が行われてきた。つまり，マイナンバー制度では，ID番号とIDカードが多様な意味で使用されている。まさに，IDを多義的に使用している制度である。その結果として，個人番号カードという身元証明書上に他者にむやみに見せてはいけないマイナンバーというID番号を記載してしまう問題が発生し，応急措置としてマイナンバー部分を塗りつぶしたケースが配布されている。

2.1.2 IDの発行数の増大から発生する課題―ID氾濫の問題―

ビッグデータ時代，IoT時代を迎えて，さまざまなIDを使用した情報システムが数多く開発され，ヒト・モノ・カネに対して付番，発行されるIDの数は増大の一途である。IDの数の増大によって，システム提供者とシステム利用者の双方にとってIDの管理が複雑になり，そのことによってプライバシー侵害の課題が発生している。以下に，これに関連する課題について検証する。

(1)　ログインIDの保有数の多さから発生する課題

日本では，すでに数多くのログインIDが発行されている。前述したように，情報処理推進機構発行の「2016年度　情報セキュリティの脅威に対する意識調査[18]」によれば，国民の3人に1人が5個以上のログインIDを保有し，およそ10人に1人の割合で21個以上のログインIDを保有している。そのためシステム利用者は，全てのログインIDを覚えることが困難となり，多くの利用者は複数サイトでログインIDを使いまわしている[44]。場合によっては，パスワードまでも使いまわしているのが現状である。その結果として，セキュリティ対策レベルの低いあるサイトでログインIDとパスワードが漏洩した場合に，他の複数のサイトの情報が芋づる式に漏洩する問題が発生している。たとえば，大手ガス会社や大手家電量販店における，不正に入手したログインIDとパスワードを使用して不正ログインを行うリスト型攻撃よる情報漏洩事件など，多くの消費者被害が新聞などで報道されている[45]。表2.3に，『日経コンピュータ』に掲載された「2014年に発覚した主な情報漏洩事件[46]」について，リスト型攻撃が原因のケースを抜粋したものをまとめる。

(2)　ID番号の付番数の多さから発生する課題

前述したように，すでに日本人は数多くのID番号を付番され，保有している。その数が多いために，自分にどういったID番号が付番され，そのID番号に紐づいた自分の情報がどこでどう使用されているのかの把握が難しい状況にある。そのことにより，システム利用者は自分に付番されているID番号とその番号に紐づく情報の管理がしきれずに，プライバシー権の基本である自己情報コントロールの確立が難しくなっている。2011年に野村総合研究所が実施した「生活者向けアンケート調査[19][44]」の中では，「保有するIDコード（ID番号とログインIDを含む）がこれ以上増えて欲しくないという回答者が9割を超えている」，「自分の個人情報をどこのサイトにどのような

表2.3　2014年に発覚した主な情報漏洩事件（文献［46］より引用）

企業名（サービス名）	漏洩の原因	対外公表日	漏洩，もしくは漏洩の可能性のあるデータ件数
NTTドコモ（「My docomo」など）	リスト型攻撃	9月30日	6072件
佐川急便（「Webサービス」）	リスト型攻撃	9月29日	3万4161件
ヤマト運輸（「クロネコメンバーズWebサービス」）	リスト型攻撃	9月24日	1万589件
東日本旅客鉄道（「My JR-EAST」）	リスト型攻撃	9月12日	約2万1000件
米グーグル（「Gmail」）	リスト型攻撃	9月10日 米国時間	約500万件
NTTコミュニケーションズ，NTTレゾナント（「gooポイント」など）	リスト型攻撃	7月30日	1265件
東日本旅客鉄道（「Suicaポイントクラブ」）	リスト型攻撃	8月18日	756件
サイバーエージェント	リスト型攻撃	6月23日	3万8280件
はてな	リスト型攻撃	6月20日	2398件
ミクシィ	リスト型攻撃	6月17日	約26万件
ドワンゴ	リスト型攻撃	6月13日	約29万5000件
LINE	リスト型攻撃	6月12日	303件
パナソニック（「CLUB Panasonic」）	リスト型攻撃	4月23日	7万8361件
ミクシィ	リスト型攻撃	2月28日	1万6972件
ソフトバンクモバイル（「My Softbank」）	リスト型攻撃	2月28日	344件
スタイライフ	リスト型攻撃	1月21日	最大2万4158件

内容で登録したかを管理できている人は2割にとどまる」というアンケート結果が報告されている。このアンケート結果からも，システム利用者のID番号にかかわる情報の管理負担増大の懸念がうかがわれる。

（３）　IDカードの保有数の多さから発生する課題

2016年１月に音楽ソフトや書籍の複合量販会社Ｔ社が，一時的に会員の入会・更新の手続きの身元確認にマイナンバー制度で導入された通知カードを使用してしまった。後に，総務省から「身元確認における通知カードの使用は，適当ではない」という指摘を受け，通知カードの使用を中止している[47]。2015年10月に施行されたマイナンバー制度では，個人番号カードと通知カードという２種類のIDカードが導入された。どちらのカードもマイナンバーが記載されたIDカードである。しかし，個人番号カードは身元証明書としての使用が許されているが，通知カードは「住民にマイナンバー（個人番号）をお知らせするもの」であり，「通知カードはマイナンバーの確認のためにのみ利用することができる書類」であって身元証明書としての使用は許されていない。そのIDカードの違いを，Ｔ社のシステム設計者が十分に認識せずにシステム設計を行った結果として発生した課題である。日常の身元確認の際に運転免許証のコピーを取得されるケースがあるが，もし仮にＴ社のケースにおいて身元確認の際に通知カードのコピーを取得していた場合には，「番号法で定められた業務以外でのマイナンバーの取得」となり番号法違反ともなりかねない事例でもあった。最終的にＴ社では，現場での業務の混乱を避けるために，身元確認手段として個人番号カードの使用も通知カードの使用と合わせて中止してしまっている。IDカードの種類と数が多いことにより，システム設計者がそれぞれのIDカードの取り扱い方の違いを認識できずに，業務設計してしまったことにより発生してしまった課題例である。システム利用者側からみると，IDカードの保有数が多いことにより，どのカードが身元証明書として使用することが許されているのかを把握することができず，Ｔ社の店舗から要求されるがまま身元確認の手段として通知カードの提示を行ってしまった課題例でもある。

日本政府は身元証明書として個人番号カード利用を推進する立場であるが，実際の現場では，IDカードの数が多いことによる取り扱いの混乱を避けるために，身元証明書としての個人番号カード利用を控えるという結果にもつながってしまっている。

IDを使用した情報利活用のための情報技術は進歩し，法制度の整備に加えて，情報セキュリティ政策会議発行の「政府機関の情報セキュリティ対策のための統一管理基準[35][36]」や各府省情報化統括責任者（CIO）連絡会議の「オンライン手続におけるリスク評価及び電子署名・認証ガイドライン[48]」，内閣官房　内閣サイバーセキュリティセンター発行の「府省庁対策基準策定のためのガイドライン（平成28年度版）[49]」などの情報セキュリティや電子認証に関するガイドラインも個別に整備されてきている。しかし，それらのガイドラインは，ログインIDとパスワードの使用ガイドラインに限定されているものばかりである。実際には，多種多様なIDの使用に関連して発生する情報漏洩によるプライバシー侵害の問題は後を絶たず，ログインID以外のさまざまなIDを含めたID使用の混乱から発生する「プライバシー保護の確立」の課題を抱えているのである。そして，これらの課題は，現状の情報技術の進歩と関連する法制度の整備だけでは，解決できない課題となっている。

2.2　ID連携による「効率的な情報連携の実現」の課題

ID社会においてIDを使用した情報利活用の情報システムを構築するためには，「プライバシー保護の確立」とともに，「効率的な情報連携の実現」が不可欠である。そして，ID連携技術の開発と標準化が進んだことにより，サイト間での認証や認可をベースとしたID連携の情報システム構築を容易に行うことが可能になり，サイト間での情報連携は急速な勢いで広がっている。しかし，ID連携技術の進歩により技術的には迅速で高品質なID連携の情報システム構築が可能になった一方で，サイトを運営する事業者間ではさまざまな事務的な取り決めや確認作業をする必要があり，事業者間での調整と契約行為に多くの時間とコストが費やされ，「効率的な情報連携の実現」の課題となっている。多くの企業や組織では，事業目的に合わせて取り扱う情報は異なっており，それに伴ってセキュリティポリシーや個人情報保護方針も違う内容となっている。たとえば，個人情報を取得する際の同意の取り方や情報の利用目的，情報の第三者提供の可否なども，企業や組織によってまちまちである。情報連携をする場合，情報連携元の事業者においてある目的限定で取得された情報が，情報連携先の事業者で勝手に別の目的に使用されてしまうことがあってはならない。事業者間で情報連携をする際には，こういった違いを十分に考慮したうえで，個人情報保護法など関連する法令に則り事業者間での事前調整を行う必要がある。以下に，「効率的な情報連携の実現」の課題となっている取り決めや確認，契約行為のポイントをあげる。

- ID連携をするサイト同士の，セキュリティポリシーの確認
- ID連携をするサイト同士の，個人情報保護方針の確認
- 連携する情報の具体的な内容の取り決め
- 連携する情報のそもそもの取得目的の確認。情報連携することが取得目的に入ってない場合には，システム利用者への同意取得や公開する方法の取り決め
- ID連携を解消する際の取り決め
- 連携する情報の管理に関する事業者間での責任分解点及び賠償責任の取り決め
- 上記の確認や取り決めを行った後の事業者間での調整および契約の締結

これらの確認や調整作業は，ID連携技術を使用した情報システム開発に着手する前に，事前作業として必要な作業である。現在の法制度では，事業者間でID連携を実施する前の個々の事業者内でのセキュリティポリシー策

定や個人情報保護方針の作成，情報セキュリティの確保・維持などについては，制度が定められガイドラインも作成されている。またID連携実施後に問題が発生した場合の，賠償請求などの定めもある。しかし，現在の情報技術と法制度だけでは，ID連携を行う際に発生する上記の確認や調整の作業負担に対しては，十分な解決策を与えていない状況にある。ビッグデータ，IoT，AI時代を迎えたID社会では，事業者間でのID連携を効率的に行う必要があるため，上記の課題解決は企業競争力強化のための喫緊のテーマである。

2.3 ID社会における「プライバシー保護の確立」とは

2.3.1 「プライバシー保護」とは

「プライバシー保護（プライバシー権と同義）」の定義や解釈は，時代とともに変化してきている。最近の解釈では，「自己情報コントロール権（自己情報を本人自らがコントロールする権利）を確保することにより，自分が自分らしく生きる権利」とすることが一般的になってきている。日本においては，「プライバシー保護」については法律での明文化はされておらず，現在でも憲法学者の間でその解釈については諸説あるが，「“憲法13条の幸福追求権・個人の尊重”の一つの権利としてプライバシー権が保障されている」という解釈が通説となってきている。憲法13条には，「すべて国民は，個人として尊重される。生命，自由及び幸福追求に対する国民の権利については，公共の福祉に反しない限り，立法その他の国政の上で，最大の尊重を必要とする」と定められている。加えて，日本の法律では，プライバシー保護の確立のための最も重要な要素として，個人情報に対する保護があげられている。個人情報の保護のために2003年に個人情報保護法が制定され，その中で個人情報の定義と個人情報の取り扱いについて規定されている。

残念ながら日本人の多くが，憲法13条とプライバシー権の関係や個人情報保護法の内容，そしてプライバシー権の確立のために自己情報を自分でコントロール（自己情報コントロール）することが大切であること，などの認識は漠然としか持っていないであろう。インターネット普及前の時代であれば，自己情報コントロールについて，それほどに意識をしなくてもプライバシーを守り幸福に生活をすることができた。しかし，インターネットが普及した高度情報化社会ではもっと自己情報コントロールによるプライバシー権の確保の意識を高める必要がある。

たとえば，2018年には，ネット上の SNS を使用した個人に対する誹謗中傷を苦にした若者が自殺する事件が発生した[1]。他者からネット上の情報を操作されたことによって，意図しない自分像が悪意を持って作成され，その結果，誹謗中傷をネットを通じて繰り返し受けた若者が自殺にまで追い込まれた事件である。悪意を持った他者によって，サイバー空間に勝手に間違った自分像が作成され，ネット上でのいじめ被害を受けてしまった事件の例である（図2. 2）。

また，2018年情報処理推進機構発表の「個人に対する情報セキュリティ10大脅威2018[33]（表2. 2）」にあるように，悪意を持った他者による，個人の ID とパスワードの不正取得に起因する情報セキュリティの脅威は増すばかりである。１位のインターネットバンキングやクレジットカード情報等の不正利用，５位のウェブサービスへの不正ログイン，６位のウェブサービスからの個人情報の搾取などが，2017年に引続き10大脅威にランクインしている。

2012年に発生した「パソコン遠隔操作事件」は，犯人が他者のパソコンを遠隔操作して，他者になりすまして襲撃や殺人などの犯罪予告を行った事件である[50]。なりすましを受けた人たちが誤認逮捕されるまでいたってしまった。他者が，サイバー空間の自分像になりすましたうえで行う犯罪行為の例である（図2. 3）。

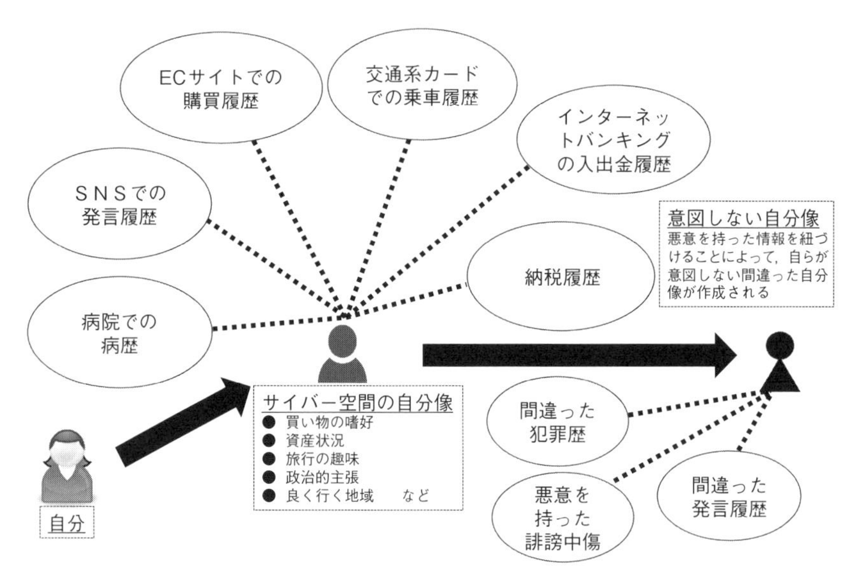

図2.2　サイバー空間で作成される自らが意図しない自分像の例

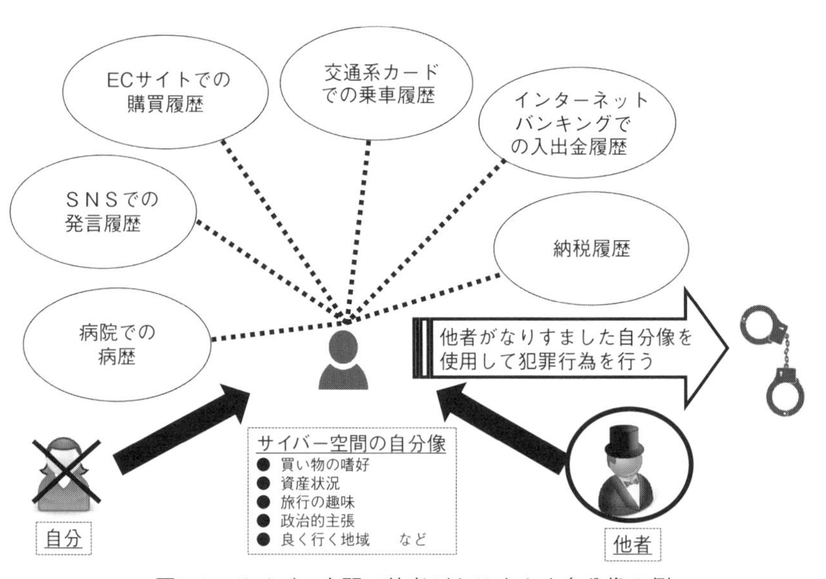

図2.3　サイバー空間で他者がなりすます自分像の例

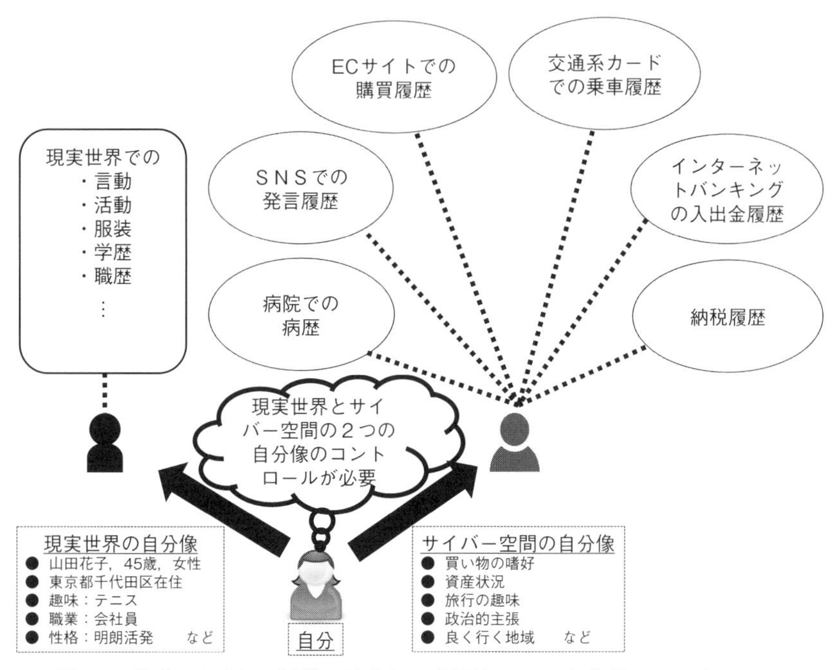

図2.4　「プライバシー保護の確立」に必要な２つの自分像のコントロール

このように，ID 社会では，ID と紐づいた情報を悪用することによって多くのプライバシー侵害の問題が発生している。上記の例のように，サイバー空間に他者からの悪意によって間違った自分像が作成され誹謗中傷の対象になってしまう，他者がなりすました自分像が知らない間に犯罪行為に利用されてしまうといったケースが発生している。高度情報化社会では，サイバー空間の自分に関する情報が他者にコントロールされてしまうことによって，多くのプライバシー侵害の問題が発生している。つまり，「プライバシー保護の確立」のためには，現実世界にとどまらずサイバー空間の自分に関する情報を自らコントロールすることにより，現実世界の自分像と同様にサイバー空間における認識されたい自分像を自らが他者に侵されずに確立できることが喫緊の課題となっている（図2.4）。

2.3.2 ID社会における「プライバシー保護の確立」に必要なこと

それでは，ID社会における「プライバシー保護の確立」の実現に必要なことは何であろうか。それは，サイバー空間における自分に関連するIDと紐づく情報をコントロールし，自らが認識されたい自分像をサイバー空間に確立することである。そのためには，まずシステム利用者が，自分にどういったIDが付番され，IDにどんな情報が紐づけられ，そのIDと情報を誰がどういう目的で活用しているかをコントロール（把握・管理）できる状態を作ることが必要である（図2.5）。

しかし，自分に付番されたIDと紐づけられた情報を全て把握し管理することは，簡単なようで意外に難しい。なぜなら，システム提供者である企業

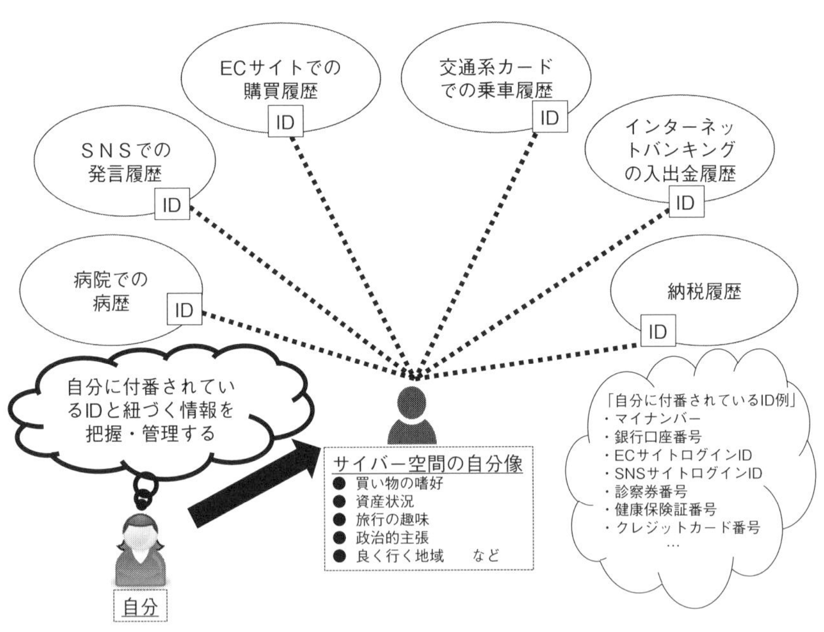

図2.5　ID社会の「プライバシー保護の確立」に必要な自己情報コントロール

サイドでは，企業が付番，発行したIDを使用して，企業の判断で勝手に業務設計やシステム設計を展開するからである。これまでに個人の情報を扱う情報システム開発に関連する個人情報保護法や不正アクセス禁止法などの多くの法律や，さまざまな制度，ガイドラインが整備されてきたが，それだけではプライバシー侵害の発生を防ぐことはできていない。ID社会における「プライバシー保護の確立」の実現には，システム提供者とシステム利用者の両者の視点からID使用の混乱状態をなくすことが必要であり，そのためには，まず両者に対してIDの用語の定義・統一を行い，現在のID使用の混乱状態に対して秩序を持たせるための土台を作ることから始める必要がある。そのうえでID使用ガイドラインを作成し，徹底することによって，サイバー空間でのID使用に秩序を与え，ID使用の混乱を防止することが可能となる。その結果として，サイバー空間の自己情報コントロールが可能となり，認識されたい自分像を自らが確立することの実現へとつながる（図2.6）。

その実現によって，「ID社会」の視点からみた「積極的な情報活用」と平

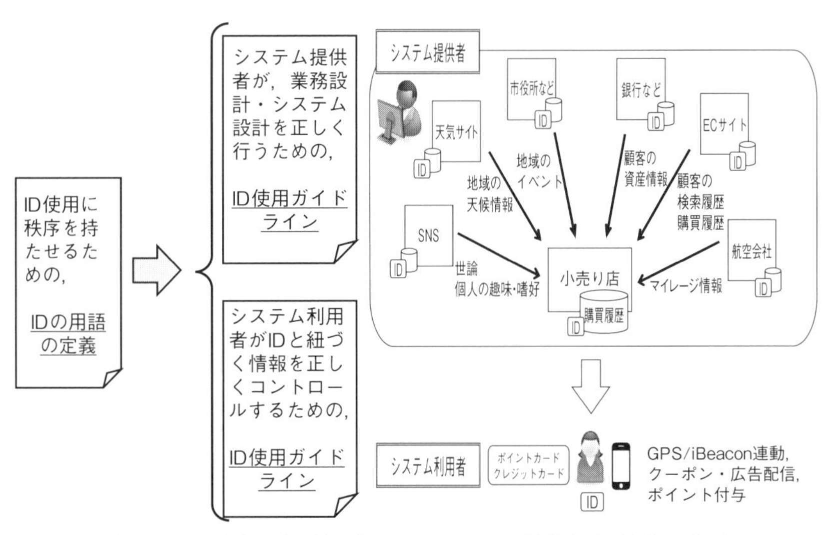

図2.6　ID社会の自己情報コントロールに必要なID使用の秩序

衡した「プライバシー保護の確立」が可能となる。一方で，「積極的な情報活用」を組織の枠を超えて実現するためには，前述した「効率的な情報連携の実現」が必須となる。つまり，「プライバシー保護の確立」と「効率的な情報連携の実現」が両立した社会基盤である「安心安全で便利なID社会基盤」の構築が必要となる。次節では，その「安心安全で便利なID社会基盤」の構築の必要性について述べる。

2.4　安心安全で便利なID社会基盤構築の必要性

高度情報化社会では，「積極的な情報活用」と平衡した「プライバシー保護の確立」が必須である。特に「ID社会」での情報システム構築には，「プライバシー保護の確立」とIDを使用した「効率的な情報連携の実現」の両立は必須といえる。つまり，「プライバシー保護の確立」による安心安全の実現と，「効率的な情報連携の実現」による便利さの実現が両立した「安心安全で便利なID社会基盤」を構築することが求められている。

しかし，そこには2.1節，2.2節で示したように，情報技術の進歩と法制度の整備だけでは解決できない課題が存在する。そこで本書では，「プライバシー保護の確立」と「効率的な情報連携の実現」を両立するための課題を解決するために必要な「安心安全で便利なID社会基盤」のあり方について考察を行い，解決策を提案する。図2.7に「安心安全で便利なID社会基盤」のイメージを示す。まずは，情報技術と法制度の整備を継続することが「安心安全で便利なID社会基盤」の基礎となる。そして，その基礎の上に，情報技術と法制度の整備だけでは解決できない課題を，「プライバシー保護の確立」と「効率的な情報連携の実現」の視点から明確化し，その解決策の仕組みをID社会基盤として構築するという考え方である。

「安心安全で便利なID社会基盤」の構築を具体的に実現するためには，

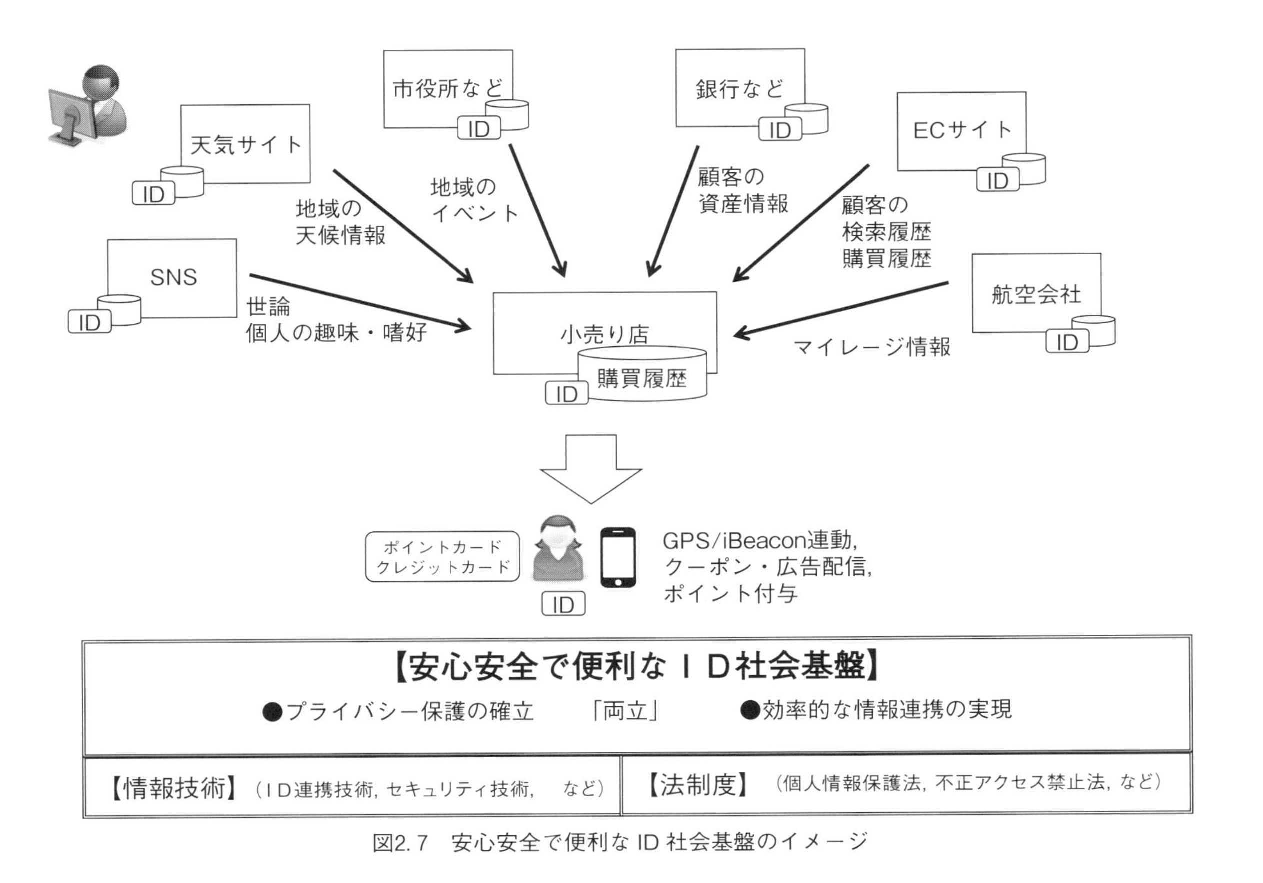

図2.7　安心安全で便利なID社会基盤のイメージ

混乱しているID使用に対して，秩序を持たせ保つことが必要となる。そして，ID使用に秩序を保つためには，多くの課題発生の原因の大元となっている「IDに関連する用語の多様性と曖昧性」を解消し，「IDの使用方法について共通認識を持つための土台を作ること」が出発点となる。現在はIDという用語が多義的に使用されているため，たとえば情報システム開発者が情報技術に関連する専門書やガイドラインを参照する場合，そこで使用されているIDの意味が専門書やガイドラインごとに異なるために，誤解が発生する可能性がある。2.1.1（4）の例で示したようなマイナンバー制度におけるIDカード使用の混乱発生の根本的な原因も，IDに関連する用語の定義が曖昧であったため制度設計時の議論が混乱したことに起因する。そのため，まずはIDの多義的な使用から発生する課題解決を考えることから始めなければならない。この課題解決のためにはIDに関連する用語を明確に定義し統一することが重要であり，次章では，ID社会におけるID使用の全体を俯瞰した「IDに関連する用語の定義」の提案を行う。

第3章

IDに関連する用語の定義 ― IDとは ―

ID使用に秩序を持たせるには,

IDに関連する用語の定義・統一が必要である。

IDが多義的に使用されていることによって発生しているID社会の課題を解決するためには，まずIDに関連する用語を明確に定義し，統一することから始めなければならない。そのことが，ID使用に秩序を保ち，ID使用の「混乱状態」をなくすための，土台となるからである。本章では，「ID」の用語の定義を提案するとともに，IDの使用に深く関連する「本人確認」の用語の定義について提案する。

3.1　「ID」の用語の定義―6つのIDとは―

本節では，多義的な使われ方をしているIDという用語を以下に示す6つに分けて定義することにより，システム利用者とシステム提供者に対して共通認識を持たせることを提案する。IDにかかわる用語の英語表現とその意味を厳密に1対1に結びつけることは難しいが，本書ではできるだけ近い英語表現とリンクを試みて整理を行った。

まず，IDという用語を「情報技術分野で使用される用語」と「情報技術以外の分野で使用される用語」の2つに大別する。

そして，「情報技術分野で使用される用語」は，用語の使用目的によって以下の4つに分類して定義することを提案する。第2章で示した課題の多くが，付番されたIDの使用目的が曖昧な状態で多義的に使用されることが原因となり発生しているため，IDの使用目的の違いによる用語の定義が必要となるからである。

情報技術分野で使用される用語の4つの定義

・個体を識別するために付番される識別子としてのID（Identifier）

・そのヒトが本人であることを証明するための身元証明書としてのID

(Identification)

・情報システムにログインする際の主体認証における主体を識別するために付番されるID（ログインアカウント名）

・電子認証やID管理，ID連携の分野でアカウントを識別するために使用されるID（Digital Identity）

さらに，「情報技術以外の分野で使用される用語」は，その用語の使用目的が企業のブランド名の一部を表すか否かによって，以下の2つに分類して定義することを提案する。

情報技術以外の分野の2つの定義

・「自分は何者であるか，私がほかならぬこの私であるその核心とは何か」というような本質的な自己規定のことであり，一般用語として使用されるID（Identity）

・「Yahoo! JAPAN ID，SoftBank ID，au ID，三井住友カードiD」のような企業が提供するIDの総称の一部，もしくはサービス名など，企業のブランド名の一部として使用されるID

以下に，この6つの定義について詳細な提案をまとめる。

（1） 識別子としてのID（Identifier）

ヒト・モノ・カネのあらゆる個体を識別するために付番される識別子，あるいは，識別符号のことである。たとえば，旅券に記載されている旅券番号は旅券というモノに対して，所持者自身（ヒト）ではなく資格証明書である旅券（モノ）を管理するために付番されている識別子である。ヒトに対して付番されていると誤解されていることが多いが実際はモノに対して付番された識別子であり，その証拠に旅券を再発行する場合には必ず旅券番号は変更になる。片や，個人番号カードに記載されているマイナンバーは，ヒトに対して付番されている識別子である。そのため，単純に個人番号カードを紛失して再発行しただけではマイナンバーは変更にならない。この例のように，識別子はさまざまな個体に対して，いろいろな使用目的のために付番されている。この例のように，識別子は付番された個体の違いと使用目的の違いによって取り扱い方法が異なってくるという特性を持つ。

（２）　身元証明書としてのID（Identification）

そのヒトが本人であることを証明するための身元証明書のことである。一般的には本人確認書類と呼ぶこともある。身元証明書のことをIDカードと呼ぶことが多いが，単独でIDと呼ぶこともある。身元証明書にならない単にID（Identifier）が記載されているカードもIDカードと呼ぶことがあるが，身元証明書となるIDカードとは区別して取り扱う必要がある。

（３）　ログインアカウントとしてのID（ログインアカウント名）

情報システムにログインする主体認証における識別コードのことであり，知識認証で使用するクレデンシャル情報の一部としてパスワードとペアで使用されるログインアカウント名のことである。ログインIDの他，利用者IDやユーザIDと表現されることが多いが，そのことによってデータベース設計の主キーの識別子としてのID（Identifier）と兼用してしまい，多くの混乱を発生する原因ともなっている。そのため，IDを使ったこれらの呼称を廃止し，ログインアカウント名に統一することを提案したい。そして，ログインアカウント名は，ヒトに付番された識別子としてのID（Identifier）と兼用せずに別物として意識して管理すべきである。こういった理由から，主体認証の識別コードからIDという表現を削除して，ログインアカウント名とすることを提案する。

（注）ログインアカウントは，当人確認の際にアカウント情報として使用される情報である。当人確認には，知識認証，所有物認証，生体認証の３つの認証方法がある。本

書では，知識認証で使用されるログインアカウントのことをログインアカウント名と定義し，呼んでいる。所有物認証で使用されるログインアカウントは，IDカードなどの所有物であり，生体認証で使用されるログインアカウントは指紋や虹彩などの生体情報である。

（4） デジタルアイデンティティの略称としてのID（Digital Identity）

電子認証やID管理，ID連携で使用するアカウントを識別するためのIDをデジタルアイデンティティ（Digital Identity）として定義する。後述（5）の本質的自己規定を表すアイデンティティ（Identity）と区別するために，デジタルアイデンティティ（Digital Identity）の用語に統一して使用することを提案する。アメリカ国立標準技術研究所（NIST：National Institute of Standards and Technology）が発行し情報処理推進機構が翻訳監修した「電子認証に関するガイドライン[51]」では，電子認証におけるIdentityを身元識別情報として定義しているが，システム利用者への統一的理解を考慮して，電子認証の分野でのIdentityという用語の使用は止めて，Digital Identityに統一することを提案する。そしてDigital Identityの中のIDには，ログインアカウント名と銀行の口座番号のような識別子（Identifier）の両方が含まれていることを明確に定義し，分けて使用することを提案する。たとえば，情報処理推進機構発行の「オンラン本人認証方式の実態調査報告書[20]」の中で使用されているIDという用語は「ログインアカウント名」と明記することで，よりIDが持つ意味が明確になると考える。

（5） 本質的自己規定の略称としてのID（Identity）

「自分は何者であるか，私がほかならぬこの私であるその核心とは何か」というような本質的な自己規定のことである。「個人のIdentity，企業のIdentity，国のIdentity」といった使い方をするが，Identityを略してIDと呼ぶことがある。情報技術分野とは無関係な用語として定義し使用することを提案する。

（６） 企業のブランド名の一部として使用されるID（ブランド名の一部）

「Yahoo! JAPAN ID，SoftBank ID，au ID，三井住友カードiD」のような企業が提供するIDの総称の一部，もしくはサービス名の一部としてIDが使用される用語のことである。情報技術分野とは無関係な用語であり，本書でのID使用ガイドラインの提案の範囲外である企業のブランド名として使用される用語であるが，システム利用者の誤解を招かないようなブランド名の使用を期待したい。

以上の「ID」の用語の定義のまとめを，表3.1に示す。

表3.1 「ID」の用語の定義まとめ

用語	用語の定義
識別子としてのID（Identifier）	ヒト・モノ・カネのあらゆる個体を識別するために付番される識別子，あるいは，識別符号のこと。
身元証明書としてのID（Identification）	そのヒトが本人であることを証明するための身元証明書のこと。
ログインアカウントとしてのID（ログインアカウント名）	主体認証における識別コードのことであり，知識認証で使用するクレデンシャル情報の一部としてパスワードとペアで使用されるログインアカウント名のこと。
デジタルアイデンティティの略称としてのID（Digital Identity）	電子認証やID管理，ID連携で使用するアカウントを識別するためのIDのことであり，その中には前述のログインアカウント名とIdentifierが包含されている。
本質的自己規定の略称としてのID（Identity）	「自分は何者であるか，私がほかならぬこの私であるその核心とは何か」というような本質的な自己規定のこと。情報技術分野とは無関係な用語として定義し使用する。
企業のブランド名の一部として使用されるID（ブランド名の一部）	「Yahoo! JAPAN ID，SoftBank ID，au ID，三井住友カードiD」のような企業が提供するIDの総称もしくはサービス名の一部のこと。

3.2 「本人確認」の用語の定義―4つの本人確認とは―

IDは，ヒトを識別するための識別子として付番されたり，ログイン行為を行ったヒトが当人であることを確認するための情報の一部として使用されたり，ヒトの身元を確認するための身元証明書としてのIDカードなどに使用されている。つまり，IDはそのヒトが本人であることを確認する「本人確認」の手段として頻繁に使用されている。そのため，IDの使用を考える場合には，IDをどういった「本人確認」業務で使用するのかを考えることは特に重要なテーマとなる。

しかし，IDが多義的に使用されているのと同様に，「本人確認」という用語も多義的に使用されているという現状がある。そこで，本節では次章以降でIDの分類とID使用ガイドラインを作成，提案する前に，「本人確認」の用語について定義を行う。本節での定義は，筆者が執筆した「完全解説　共通番号制度[52]」と「本人確認からみたマイナンバー制度に関する提言[43]」および日本情報経済社会推進協会の「本人確認をした属性情報を用いた社会基盤構築に関する調査研究[53]」を参考にする。

「本人確認」とは，「何らかの手続きを行う際に，その手続きの申請者が本人であるということを確かめることおよび作業」である。具体的には，図3.1に示すように，以下の4つに分類することを提案する。

(1) 身元確認

身元確認とは「信頼のできる発行手続きで発行された身元証明書（Identification）上の形質情報と，目の前の人の形質を照合することにより，その人が本人であることを確認する行為」のことである。身元証明書には，その証明書発行者が発行した証明書の券面を管理するために，券面に対して券面管理番号の付番を行い，券面上にその番号を記載することが必要となる。現在

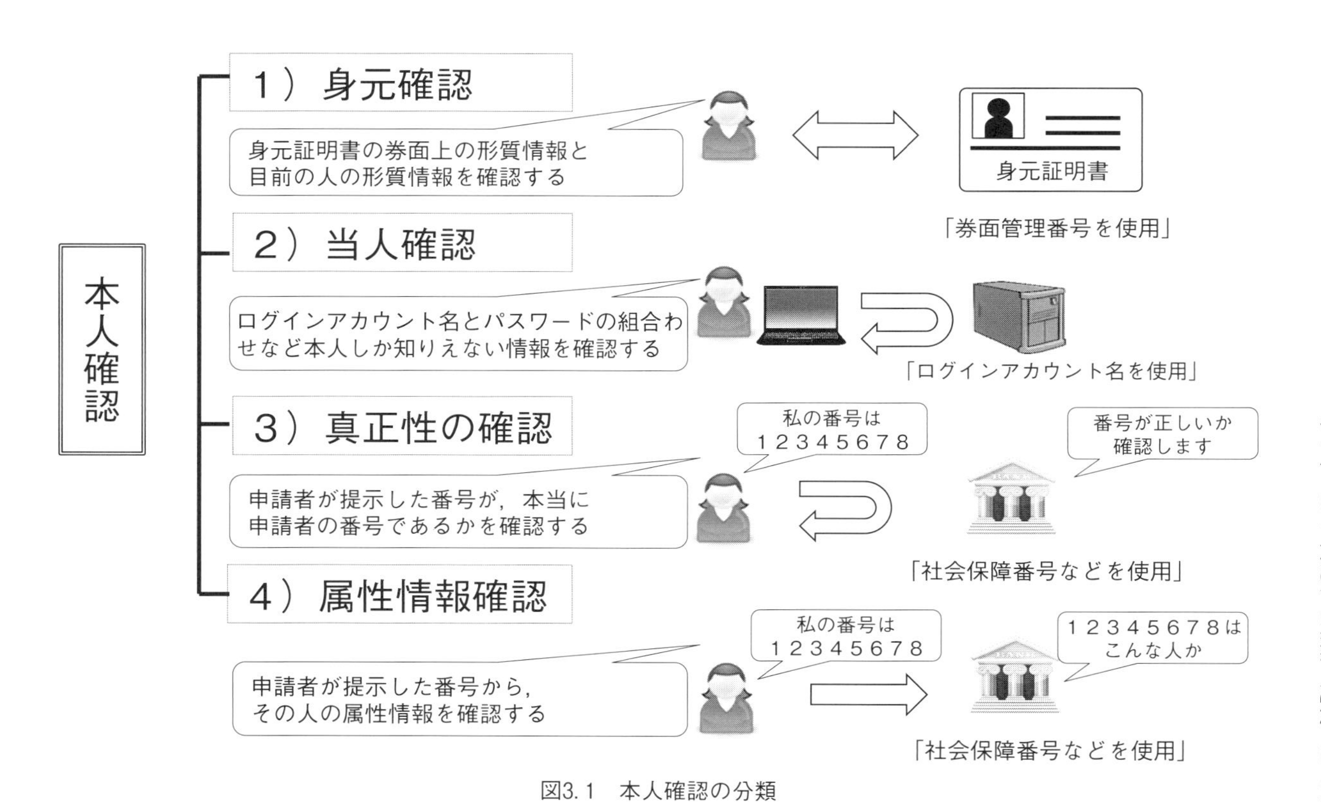
本人確認
1）身元確認
身元証明書の券面上の形質情報と
目前の人の形質情報を確認する
身元証明書
「券面管理番号を使用」
2）当人確認
ログインアカウント名とパスワードの組合わ
せなど本人しか知りえない情報を確認する
「ログインアカウント名を使用」
3）真正性の確認
申請者が提示した番号が，本当に
申請者の番号であるかを確認する
私の番号は
12345678
番号が正しいか
確認します
「社会保障番号などを使用」
4）属性情報確認
申請者が提示した番号から，
その人の属性情報を確認する
私の番号は
12345678
12345678は
こんな人か
「社会保障番号などを使用」

図3.1　本人確認の分類

の日本で身元証明書として使用されている，旅券の旅券番号や，運転免許証の免許証番号がそれにあたる。

本人確認といわれたときに，一般の人がまず思い浮かべるのは，身元確認であると思われる。たとえば，夜中に道を歩いていて警察官に呼び止められたとき，運転免許証などの身元証明書を見せれば，形質情報（顔写真）や氏名が記載されているため，自分の顔と見比べさせることで，自分が運転免許証に記載された本人であることを証明できる。

このような「対面」での身元確認以外に，インターネットや郵送を通じた「非対面」での身元確認も存在する。非対面で銀行口座を開設する場合を例に取ると，申請者が運転免許証のコピーと公共料金の支払い証明書などを，口座開設申込書と一緒に銀行に郵送し，銀行が公共料金の支払い証明書に記載された住所に口座開設書類やキャッシュカードを郵送することによって，申請者の身元情報を確認することが行われている。

(2) 当人確認

当人確認とは，電子政府やインターネット通信販売を利用する際のログイン時に，ログインアカウント名とパスワードなどで認証することである。これはサービスへのアクセス者が，当該サービスに登録しているユーザの誰であるかを確認することである。

つまり，「ログインアカウント名とパスワードの組合わせなど，当人しか知り得ない情報を確認することにより，そのログイン行為を行っている人(申請者）が，ユーザ登録を行った当人である」ことを確認する行為のことである。

認証という用語も曖昧に使用されるケースが多いが，「認証＝当人確認」と定義することによって，認証という用語の定義を明確化することを提案する。

（３） 真正性の確認

真正性の確認とは，申請者が提示してきたIdentifier（たとえばマイナンバーのような番号）が，本当にその申請者に付番されているIdentifierか否かを確認することである。米国では，米国の社会保障番号であるソーシャル・セキュリティ・ナンバー（SSN）の真正性の確認のために「SSN Verification Service（SSNVS）」という無料のオンラインサービスが提供されており，たとえば，求職者は自分の氏名とともにSSNを雇用者に申請し，雇用者は求職者の氏名とSSNを同サービスに問い合わせることで，それらが合致しているか否かがわかる。

（４） 属性情報確認

属性情報確認とは，銀行の口座開設などで，申請者の氏名やIdentifierをもとに当人の信用情報等を取得し，取引の妥当性をチェックすることである。諸外国では口座開設時などに，バックオフィスでその人の信用情報を取得・チェックしている事例がある。社会保障番号などに紐づいて，その人の経歴や職業履歴などの情報がデータベース化されており，それらの情報を，社会保障番号などをもとに情報照会し，申請者が口座開設や貸し出しをしてよい人物かどうかを判断している。

以上の「本人確認」の用語の定義のまとめを，表3.2に示す。

3.3　まとめと課題
―ID 使用の混乱状態解決の土台として，ID の用語の定義と統一―

本章では，ID に関連する用語の定義として，「ID」の用語の定義（表3.1）と「本人確認」の用語の定義（表3.2）の２つの定義を行った。この２つの

表3.2 「本人確認」の用語の定義のまとめ

用語	用語の定義
身元確認	厳密な手続きで発行された身元証明書（Identification）の記載内容と，確認すべきヒトの持つ情報を比較して，そのヒトが本人であることを確認すること。
当人確認	確認すべきヒトしか知りえない情報（例：ログインアカウント名とパスワードの組合わせ）や，持ちえない情報（例：ID カードや生体情報）を確認して，そのヒトが本人であることを確認すること。 認証という用語も曖昧に使用されるケースが多いが，「認証＝当人確認」と定義することによって，認証という用語の定義を明確化することを提案する。
真正性の確認	そのヒトが提示した Identifier と属性情報を使用して，Identifier がそのヒトに付番された Identifier であるかを確認すること。
属性情報確認	そのヒトに付番された Identifier を使用して，そのヒトの属性情報を確認すること。

ID に関連する用語の定義は，2.1.1項で示した ID の多義的な使用から発生する「プライバシー保護の確立」の課題を解決する土台となる。以下に，本章の提案による効果と課題についてまとめる。

① 「ID の用語の定義」の中で，ログイン ID という表現を止めてログインアカウント名を使用することを提案した。この用語の定義により，2.1.1(1)で示したログイン ID と ID 番号と混同を防ぐことができる。

② 「ID の用語の定義」の中で，電子認証や ID 管理，ID 連携で使用されている Identity という表現を止めて Digital Identity に統一することを提案した。さらに，Digital Identity の中にログインアカウント名と Identifier の両方が含まれていることを明確にし，その両者を明確に使い分けて使用することを提案した。この用語の定義と統一によって，情報システム開発者の Digital Identity に対する理解を深め，情報システム開発者が ID 連携や ID 管理の専門書やガイドラインなどを参照する際の誤解を防ぎ，シ

ステム設計の誤りを防ぐことができる。Digital Identityの中に2つのIDが存在することを明確にしたことは，2.1.1（1）で示したログインIDとID番号との混同を防ぐことにも効果がある。

このように，IDに関連する用語の定義を行い統一することは，IDの多義的な使用から発生する「プライバシー保護の確立」の課題を解決することの土台となる。加えて，IDに関連する用語の定義は，次章に示すがIDの「氾濫状態」から発生する課題を解決するための土台ともなる。ただし，用語の定義は課題解決の最初の一歩に過ぎない。さらに，この定義に従ってIDを体系的に分類し，その分類ごとにID使用ガイドラインを作成することでより一層の課題解決をはかることが可能となる。ID使用に秩序を保ち，「プライバシー保護の確立」を実現するための課題解決策として，第4章では，具体的な「IDの分類」と「ID使用ガイドライン」を提案する。

第4章

IDの分類とID使用ガイドライン
― IDの使い方 ―

「IDの分類」と「ID使用ガイドライン」が
ID使用に秩序を与える。

本章では，第3章のIDに関連する用語の定義に基づいて，具体的なIDの分類とID使用ガイドラインを，「識別子としてのID（Identifier）」，「身元証明書としてのID (Identification)」，「ログインアカウントとしてのID（ログインアカウント名)」の3つのIDについて提案する。加えて，「本人確認」業務を行う際に使用するIDについて，その分類とID使用ガイドラインについても提案する。なお，前章で定義した6つのIDの内残り3つのIDについては，以下の理由により本章での考察の範囲外とする。「本質的自己規定の略称としてのID（Identity)」と「企業のブランド名の一部として使用されるID（ブランド名の一部)」については，情報技術分野と直接関連しないため割愛する。また，「デジタルアイデンティティの略称としてのID（Digital Identity)」については，「識別子としてのID（Identifier)」と「ログインアカウントとしてのID（ログインアカウント名)」に包含されるため，その中で言及することとする。

4.1 「識別子としてのID（Identifier)」の使い方

ID社会では，経営資源であるヒト・モノ・カネにID（Identifier）を付番し，それらを連携することによって，多くの情報活用が行われる。この連携により，情報活用の範囲は格段に広がるが，同時に情報漏洩やプライバシー侵害リスクは増してしまう。この問題解決のために，ID（Identifier）の種類と特性を明らかにし，その特性に合わせたID（Identifier）の使い方のガイドラインを策定する必要がある。本節では，ID（Identifier）の分類と使い方の観点からのガイドラインを提案する。特に，ヒトに付番されたID（Identifier）との連携には，プライバシー保護の観点から特別なガイドラインが必要となると考える。

4.1.1　識別子の分類

識別子としてのID (Identifier) は，まず付番する対象の個体の違いによって，ヒトID，モノID，カネIDの3つに分類することを提案する。さらに，おのおののIDの使用目的と取り扱い特性の違いを考慮して，細かく分類する。

(1)　ヒトID（ヒトに対して付番する識別子）

ヒトIDは，ID（Identifier）を付番・発行するときの身元確認の厳密度によって分類し，使い分けることを提案する。当人確認のための身元確認の厳密度は，「オンライン手続におけるリスク評価及び電子署名・認証ガイドライン[48]」では4つの厳密度として定義されている。しかし，本書では，実社会での印鑑（認印，銀行印，実印）を使用した当人確認のための身元確認の厳密度を参考にして3つに分類することを提案する。ヒトIDを付番する際には，身元確認の厳密度を常に明確にしておくことが重要である。それにより，モノIDやカネIDと，ヒトIDを連携する際の個人の特定レベルが明確になり，情報連携の際の情報の取り扱い方を変えることが可能となる。その分類を表4.1に示す。

①**身元確認なし**：ヒトID付番時に身元確認を行っていないレベル。宅配便の受け取りや出勤簿への押印などで，「認印」を使用するレベルの身元確認に相当。

②**簡易的な身元確認あり**：ヒトID付番時にある程度の簡易的な身元確認を行っているレベル。銀行や証券会社の口座関連手続きなどで，「銀行印」を使用するレベルの身元確認に相当。

③**厳密な身元確認あり**：ヒトID付番時に基本4情報（氏名，住所，生年月

表4.1　ヒトID分類

身元確認の厳密度	例
身元確認なし	小売店舗の会員証に記載の番号，Webメールのメールアドレス
簡易的な身元確認あり	マイレージ番号，社員番号，学籍番号，病院の診察券番号，金融機関の口座番号，クレジットカード番号，メールアドレス
厳密な身元確認あり	マイナンバー，住民票コード

日，性別）を確認して厳密な身元確認を行っているレベル。付番後も，基本4情報との紐づけの管理を厳密に行う。車の購入，不動産の売買，会社設立の手続きで「実印」を使用するレベルの身元確認に相当。

（2）　モノID（モノに対して付番する識別子）

モノIDは，個人を特定するヒトIDと連携するか否か，さらには，ヒトIDと連携することが許されるか否かによって表4.2のように4つに分類し，使い分けることを提案する。ここでのヒトIDとの連携には，IDを使用した連携の意味だけではなく，氏名と住所などヒトを個人として特定できる情報との連携を含む。

表4.2　モノIDの分類

ヒトIDとの連携	例
連携前提	運転免許証番号，保険会社の証券番号，旅券番号，資格証明書の券面番号
連携可能	MACアドレス，携帯電話番号，スマートメータ製造番号
非連携前提	部品に付番された製造番号
禁連携	鍵の製造番号

①**連携前提**：最初からヒトIDと連携することを前提として付番されたモノIDのことである。たとえば，運転免許証番号や保険会社の証券番号，旅券番号のようなモノIDのことである。

②**連携可能**：利用シーンによってヒトIDと連携する可能性があるモノIDのことである。たとえば，スマートメータの情報を分析して料金メニューを見直すなどのサービスにおけるスマートメータ製造番号のようなモノIDのことである。前述した車の運転履歴情報と自動車保険料の割引率を連携するサービスでは，車の車台番号のようなモノIDがヒトと結びつくこととなる。携帯電話番号は，購入手続きが完了した時点で購入者のヒトと連携されるモノIDである。

③**非連携前提**：飛行機や車，機械製品などに使用される部品の製造番号のようなヒトIDと連携することを前提とせずに付番されたモノIDのことである。ただし，将来ヒトIDと連携する可能性はある。

④**禁連携**：ヒトIDと連携してはけないモノIDのことである。たとえば，鍵の製造番号のようなモノIDのことである。

（3） カネID（カネに対して付番する識別子）

カネIDは，基本的にモノIDと同様の特性を持つID（Identifier）である。ヒトIDと連携して良いか否かを判断するため，カネIDと紐づくカネの共有性と流通性の二軸で分類することを提案する。一つ目の軸は，特定の個人の間で共有して良いか否か，つまりカネの共有性である。二つ目の軸は，不特定多数の人の間で流通して良いか否か，つまりカネの流通性である。その分類を表4.3に示す。

デジタル社会の発展によって，カネにカネIDを付番してシステム的に管理する必要性が発生した。そして，そのカネIDはヒトIDと連携されることによって多くの新しいビジネスモデルが生まれている。しかし，カネIDの持つ特性である共有性や流通性によって，ヒトIDと連携される場合の，

表4.3　カネIDの分類

	流通性あり	流通性なし
共有性あり	無記名式交通系カード番号	ポイントカードの管理番号， ゴルフ練習場のプリペイドカード番号
共有性なし	紙幣番号，商品券番号	記名式交通系カード番号

業務設計やシステム設計が異なってくるため，共有性と流通性の二軸での分類が必要となる。以下に，各分類の特性を示す。

①流通性も共有性もあるカネIDは，ヒトIDと連携はしない。
②流通性も共有性もないカネに付番するカネIDは，ヒトIDと連携することが前提となる。
③共有性はないが流通性が必要になるカネに付番するカネIDは，カネIDとヒトIDが連携している場合，そのカネが他者に渡るたびに連携するヒトIDを変更しなければならないため，ヒトIDを連携させないことが基本である。
④流通性はないが共有性のあるカネIDについては，ヒトIDと連携させてもよいが，連携させる場合は所有者が変わるたびに連携するヒトIDを変更できる仕組みを用意することが必要となる。

4.1.2　識別子の分類に対するID使用ガイドライン

システム提供者とシステム利用者はID（Identifier）の分類と特徴を認識したうえで，以下のガイドラインに沿って，IDを取り扱うことを提案する。

ID使用ガイドライン

①システム提供者は，付番・発行するID（Identifier），もしくは付番・発

行され取り扱うID（Identifier）が，ヒト・モノ・カネの何に対して付番されているのかを明確に意識したうえで，制度設計や業務設計，システム設計を行わなければならない。たとえば，取り扱うID（Identifier）がヒトIDであり，かつ個人を特定できるID（Identifier）であった場合は，そのID（Identifier）は個人情報保護の対象となり，法令に則った厳密な取り扱いを行うことが必要となる。

②システム提供者は，ヒトIDを取り扱う場合，付番時の身元確認の厳密度よる分類と特性を意識した設計を行わなければならない。たとえば，「厳密な身元確認あり」の厳密度で付番されたヒトIDを扱うシステムの業務設計やシステム設計では，「身元確認なし」や「簡易的な身元確認あり」の厳密度で付番されたヒトIDを扱う場合よりも，より慎重に情報セキュリティを意識した設計活動が必要となる。

③システム提供者は，モノIDを取り扱う場合，ヒトIDとの連携の可能性によってモノIDを表4.2に示した4つに分類し，特徴を意識した設計を行わなければならない。たとえば，モノIDが前述の連携前提の運転免許証番号や保険会社の証券番号である場合，そのモノを紛失したとき，モノIDによって個人を特定できる場合は，モノIDとはいえ個人情報紛失と同じ扱いを前提に業務設計を行う必要がある。

④システム提供者は，カネIDを取り扱う場合，カネの流通性と共通性を考慮した設計を行わなければならない。その分類と特徴によって，ヒトIDとの連携方法などを配慮した設計が必要となる。

⑤システム利用者は，情報システムの専門家ではないため，全てのID(Identifier）の特徴を完全に理解して管理することは難しい。しかし，自分に付番されたヒトIDの身元確認の厳密度を意識して，「厳密な身元確認あり」のヒトIDは大切に管理するなど，IDの特徴を意識したIDの管理を行う必要がある。

ID（Identifier）の分類と上記5つのID使用ガイドラインによって，増大するID（Identifier）の特性と使用方法を明確に理解することが可能となる。

そのことによって，システム提供者は，ID（Identifier）の特性を認識したうえで業務設計やシステム設計を行うことができる。取り扱うID（Identifier）の特性に合わせて情報セキュリティ対策のシステム設計を変えることは，「プライバシー保護の確立」のレベル向上に寄与することとなる。

一方，システム利用者は，情報システムに関する専門家ではないため，自分に付番されたID（Identifier）の特性を完全に理解することは難しい。しかし，少なくとも自分に付番された身元確認の厳密度の高いID（Identifier）は大切に管理するなどを意識することによって，2.1.1（2）で例示したケースのような本人限定受取郵便でマイナンバーの提示を求められたとしても，自ら拒否することができるようになる。同時に多くのID（Identifier）の中から大切に管理すべきID（Identifier）を意識することで，2.1.2（2）で示した「保有するID番号の数の多さから発生する課題例」で述べた自己情報コントロールのレベルを上げることにもつながる。

モノやカネの情報がヒトIDと新たに連携する場合には，特別な注意を要する。詳細なガイドラインは，4.1.3項で示す。

4.1.3　情報連携におけるID使用ガイドライン

モノやカネの情報は，ヒトIDと連携して個人が特定できるようになった瞬間から個人情報として取り扱わなければならない。情報連携において，必要となるID使用に関するガイドラインを以下に提案する。

ID使用ガイドライン

①複数サイト間でのID（Identifier）の安易な共通化や兼用はしない。

②ID（Identifier）を使った情報連携をする場合は，おのおののサイトでの

情報取得時の利用目的を確認し，連携先に連携された情報の利用が，連携元の情報の目的外利用にあたらないよう配慮をしなければならない。

③モノIDやカネIDをヒトIDと連携をする場合は，本人同意の取得を前提とする。特に個人を特定できるヒトIDとの連携時には，必ず本人同意を得ることとする。

④特筆すべきは，ヒトIDと連携してはいけないモノIDの存在である。鍵の製造番号のようにヒトIDと連携され住所や氏名が判別されると，犯罪につながる恐れが発生するなど社会的影響の大きいモノIDがある。ヒトIDとの連携を禁止する取り扱いを業界ごとにガイドラインを作成することを提案する。

ID（Identifier）の分類と上記4つの情報連携におけるID使用ガイドラインにより，システム提供者がIDを使用した情報連携システムを構築する際に，システム利用者本人の同意がないまま安易に情報連携することを防ぐことができる。そのことは，2.1.2（2）で示した自己情報コントロールのレベルの向上につながる。また，ID（Identifier）の特性によっては，ヒトIDとの連携を禁止するガイドランを作成するによって，2.1.1（3）で例示した鍵番号を使用した情報連携のような「連携する識別子であるID番号が多様であることから発生する課題例」の発生を防ぐことが可能となる。本書の最初で述べたがビッグデータ時代，IoT時代を迎えて，個人情報保護の範囲外であったモノIDとそれに紐づいた情報が，ある日突然個人を特定できるヒトIDやヒトに関連する情報と情報連携されることによって，個人情報になってしまうケースが増大し，自覚のないままに個人情報保護違反が発生してしまうことが懸念される。ID（Identifier）の分類と情報連携における上記4つのID使用ガイドラインによって，こういった懸念へも対応することが可能となる。

加えて，2015年に改正された個人情報保護法では，新しく個人識別符号という識別子の定義が追加された。そして，高木浩光の「IoTに対応した個人データ保護制度のあり方[54]」や新保史生の「個人情報保護法改正のポイントを学ぶ（5）目的・定義に関する規定[55]」によって，個人識別符号に関する研究が行われている。しかし，それらの研究の中では「今回の個人情報保護法改正における個人識別符号の定義だけでは，どの識別子が個人識別符号に相当するのかといった点で曖昧性が残る。」といった指摘がされており，今後の詳細な議論が期待されている。

個人情報のグレーゾーンを解消するために導入された個人識別符号だが，今度は新たに個人識別符号に曖昧性が生まれ，「個人識別符号のグレーゾーン」が問題となっている。つまり，どの識別子を個人識別符号とみなすのかが曖昧になり課題となっている。本書の付録「コラム（その3）」に，本文中の提案内容をベースにしたグレーゾーン問題の具体的な課題解決策をまとめているので参照していただきたい。

4.2 「身元証明書としてのID（Identification）」の使い方

日本の身元証明書の基本情報は，戸籍と住民基本台帳に基づいている。古くからの農耕民族である定住型の生活に根ざし，いつ，どこに生まれたかを基本にした制度設計になっている。しかし，現在の身元証明書は多岐にわたっており，そのことにより2.1節で示したような課題が発生している。身元証明書の分類と記載事項に関するガイドラインを策定することが必要である。本節では，その分類とID使用ガイドラインについて提案する。

4.2.1 身元証明書の分類

身元証明書は2つの軸で分類することを提案する。一つ目の軸は，戸籍と

表4.4　身元証明書の分類

	厳密な発行手続きで発行	曖昧な発行手続きで発行
厳密な手続きでの 形質情報の 貼付あり	① 運転免許証 旅券 個人番号カード 運転経歴証明書	③ 社員証 学生証 など
厳密な手続きでの 形質情報の 貼付なし	② 各種健康保険証 各種年金手帳 母子手帳 など	④ ~~会員証~~ ~~診察券~~ など

住民基本台帳に基づいた基本4情報をベースに厳密な手続きで発行した身元証明書であるか否かである。二つ目の軸は，券面上に厳密な手続きで写真などの形質情報を貼付した身元証明書であるか否である。その分類を表4.4に示す。ここで，表4.4右下の会員証や診察券などのIDカード（Identifier記載のカード）は，身元証明書ではないため，取消し線で表示している。

4.2.2　身元証明書の分類に対するID使用ガイドライン

表4.4で分類した身元証明書に対して，以下の使用ガイドラインを策定することを提案する。

（1）　厳密度の高い身元証明書（表4.4左上①）

厳密度の高い身元証明書とは，「厳密な手続きでの発行」と「厳密な手続きでの形質情報の貼付」の両方を満足している身元証明書のことである。この券面1枚で身元証明書として取り扱うことが可能である。したがって，券面1枚でさまざまな信用度の高い身元確認を行うことが可能となる[56]。その影響度の大きさを考慮すると，その券面上に記載するID（Identifier）は，厳密に定義し，統一することが必要となる。厳密度の高い身元証明書の一つである旅券に記載するID（Identifier）は，ICAO（International Civil Aviation Organization）という組織によって国際標準で規定されている[57][58]。ICAOでは，旅券の表面に記載すべき必須項目として，券面を管理するためのモノIDである券面管理番号の記載が規定されている。ヒトを識別するためのヒトIDの記載はオプションという位置づけである。このICAOの旅券に関する記載基準を参考にして，ID使用ガイドラインを次のように提案する。

ID使用ガイドライン

・厳密度の高い身元証明書に記載するID（Identifier）は，「個人を特定するヒトID」ではなく，「券面を管理するためのモノID」に統一する必要がある。そうすることにより，身元確認時に身元証明書上に記載されるID（Identifier）を相手に提示したとしてもプライバシー侵害のリスクを低減することができる。

このID使用ガイドラインにより，厳密度の高い身元証明書に記載するID（Identifier）は「他者にむやみに見られてはいけないヒトID」ではなく，「券面を管理するためのモノID」にするべきであることが明確になる。そのことによって，厳密度の高い身元証明書（Identification）上に記載するID（Identifier）の多様性に関する混乱をなくすことができ，2.1.1（4）で例示したマイナンバー制度設計のような混乱の再発を防止することが可能となる。

（2）　厳密度が中程度の身元証明書（表4.4左下②と表4.4右上③）

厳密度が中程度の身元証明書とは，「厳密な手続きでの発行」はあるが「厳密な手続きでの形質情報の貼付」がない身元証明書，もしくは，「厳密な手続きでの形質情報の貼付」はあるが「厳密な発行手続き」に曖昧性のある身元証明書のことである。これらの券面は，複数枚を照合することで身元証明書として取り扱われることが多い。この券面1枚では信用度の高い身元証明書とならないため，この券面上にはヒトIDを記載するケースが多い。しかしながら，簡易な身元証明書として扱うケースも多いので，以下のID使用ガイドラインが必要となる。

ID使用ガイドライン

・厳密度が中程度の身元証明書の券面上に記載するヒトIDは，ヒトIDの使用目的と使用範囲を限定的にする必要がある。

(3) 厳密度が低いIDカード（表4.4右下④）

身元証明書にならない厳密度が低いIDカード（Identifier記載のカード）とは，「厳密な手続きでの発行」が曖昧で，かつ「厳密な手続きでの形質情報の貼付」がない券面のことである。

ID使用ガイドライン

・厳密度が低いIDカードは，身元証明書として取り扱うことはできない。

(4) 全てのIDカード（表4.4全部①，②，③，④）

IDカードは，その使用目的によって利用者が常時携帯するIDカードもあれば，頻繁に他者に提示するIDカードもある。そのIDカードの使用目的と使用範囲によって，以下のID使用ガイドラインが必要となる。

ID使用ガイドライン

①常時携帯することになるIDカードには，当人確認の信頼度要求レベルの中・高位な業務（4.3.1項参照）で使用するログインアカウント名を記載してはならない。常時携帯するということは，一定の確率で紛失や盗難のリスクを伴うことになるからである。

②常時携帯することになるIDカードには，広範囲の業務で使用し，かつ

むやみに他者に提示してはいけない大切なID（Identifier）も記載してはならない。

③頻繁に他者に提示する必要のあるIDカードには，当人確認の信頼度要求レベルの高位な業務で使用するログインアカウント名を記載してはならない。盗み見や不正コピーをされてしまうリスクを伴うことになるからである。

④頻繁に他者に提示する必要のあるIDカードには，広範囲の業務で使用し，かつむやみに他者に提示してはいけない大切なID（Identifier）も記載してはならない。

（注）ログインアカウント名として兼用されるヒトIDであるメールアドレスについては，特別なID使用ガイドラインが必要である。付録「コラム（その3）」で詳説しているので参照していただきたい。

本節に示した身元証明書の分類とID使用ガイドラインに従って，システム提供者が業務設計やシステム設計を行うことが徹底されれば，IDカードとカード上に記載されるID（Identifier）やログインアカウント名に対して，規律性や一貫性を持たせることが可能となる。そのことによって，システム利用者のIDカード上に記載されるID（Identifier）やログインアカウント名に対する理解が高まり，2.1.1（2）で示したIDカード上に記載されたID（Identifier）利用シーンでの混乱を防ぐことができる。

また，IDカードの数や種類が増大したとしても，表4.4の分類とID使用ガイドラインに従うことによって，システム提供者の業務設計やシステム設計の担当者は，IDカードを取り扱う際の設計指針を持つことが可能となる。そのことによって，2.1.2（3）で示したような身元証明書としてのIDカードの使用に関する設計ミスを削減することができる。

さらに，詳細は第5章で述べるが，厳密度の高い身元証明書としてのIDカードの使用をマイナンバー制度で導入された個人番号カードに集約することができれば，2.1.2（3）で示した「ID カードの数の多さから発生する課題例」の課題発生を軽減することも可能となる。

4.2.3 マイナンバー制度の検証

本節で示した身元証明書の分類と ID 使用ガイドラインから現在のマイナンバー制度を検証してみると，現行のマイナンバー制度の課題が明らかになる。表4.4の左上に相当する厳密度の高い身元証明書に記載する ID（Identifier）は，4.2.2（1）の ID 使用ガイドラインにより，券面を管理するモノ ID にすべきである。しかし，現在の個人番号カード上に記載されている ID（Identifier）は他者にむやみに見せてはいけないヒト ID が記載されている。つまり，表4.4の分類と ID 使用ガイドラインに当てはめてみると，個人番号カードは特殊なカードであることがわかる。また，通知カードは表4.4の左下の分類に相当するが，身元証明書として使用することはできない ID カードであり，こちらも特殊な ID カードとなっている。この2つの ID カードの特殊性が，マイナンバー制度に関する国民の理解を妨げている。2.1.2（3）で例示した T 社の課題事例は，この特殊性から発生している課題でもあり，提案した ID 使用ガイドラインを適用すれば防げた事例である。マイナンバー制度のこの特殊性を改善することが国民の理解を高め，結果的に個人番号カードの普及を促進することにもつながる。マイナンバー制度の具体的な改善策は，付録（12）にまとめたので，参照していただきたい。

4.3 「ログインアカウントとしての ID」の使い方

一向に減らない不正ログインの脅威へ対応するためには，システム利用者とシステム提供者の双方が，ログインアカウントの使用について統一した認識を持つ必要がある。本節では，ログインアカウントの分類とID使用ガイドラインを提案する。

4.3.1 ログインアカウントの分類

ログインアカウントは，パスワードとペアにして認証における当人確認で使用されるクレデンシャル情報（認証に用いられる情報の総称）の一部であるので，業務が要求する当人確認における信頼度要求レベルに合わせて分類することを提案する。改めて，業務の申請手続きを情報システムのない世界に置き換えて考えてみると，業務から要求される当人確認の信頼度の要求レベルによって，印鑑を使用した当人確認の方法を使い分けていることがわかる。実社会での業務手続きにおける印鑑の使い分けは，図4.1のように以下の３つに分類される。

①信頼度要求レベルが低位な業務手続き
　宅配便の受け取りや出勤簿への押印などで，「認印」を使用するケースである。
②信頼度要求レベルが中位な業務手続き
　銀行や証券会社の口座関連業務手続きで「銀行印」を使用するケースである。
③信頼度要求レベルが高位な業務手続き
　車の購入，不動産の売買，会社設立の手続きで「実印」を使用するケースである。

全ての業務の申請手続きを一つの印鑑（実印）でやれることは一見便利なようであるが，その印鑑と印鑑証明書が盗難や流用されることのリスクが大きいため，その利用方法や保管方法を，利用目的とその利用業務が要求する

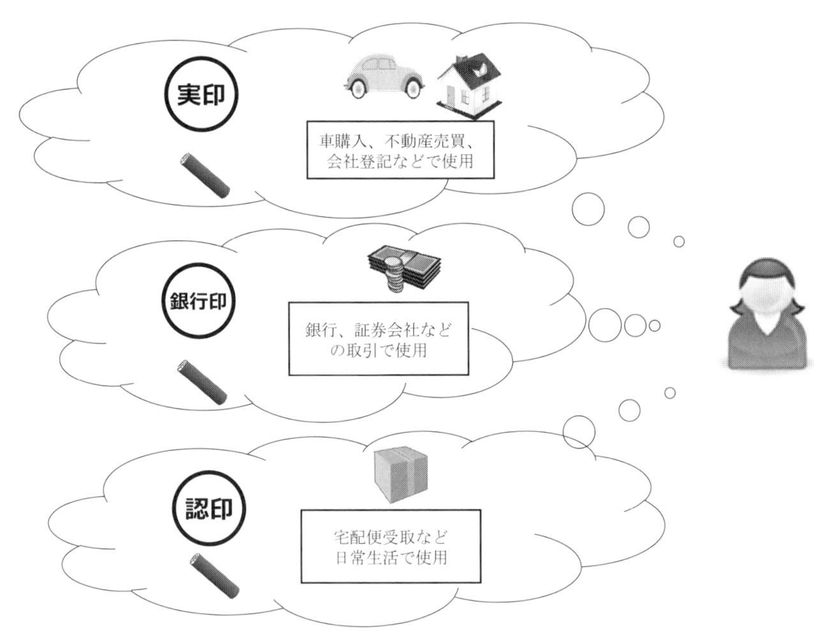

図4.1　実社会での当人確認における印鑑の使い分け

当人確認の信頼度によって使い分けているのである。

「ID 連携トラストフレームワークを活用した官民連携の在り方に関する調査研究[59]」や「トラストフレームワークを用いた個人番号の利活用推進のための方策[31]」「オンライン手続きにおけるリスク評価及び電子署名・認証ガイドライン[48]」では，業務が要求する当人確認における信頼度要求レベルを4つのレベルに分割している。しかし，本書では，この実社会の例を参考にして，当人確認におけるログインアカウントを表4.5に示す3つに分類することを提案する。

①レベル１：信頼度要求レベルが低位な業務での当人確認

Yahoo! JAPAN や Google のような検索サイトや，twitter のような SNS

表4.5　ログインアカウントの分類

	例
レベル１ 【認印レベル】 信頼度要求レベルが低位な業務での当人確認	Yahoo! JAPAN，Googleのような検索サイトや，twitterのようなSNSサイトなど参照系サイトで使用するログインアカウント名。
レベル２ 【銀行印レベル】 信頼度要求レベルが中位な業務での当人確認	オンラインバンキングやオンライントレードのようなECサイトで使用するログインアカウント名。
レベル３ 【実印レベル】 信頼度要求レベルが高位な業務での当人確認	士業で医療情報などの要配慮情報を扱うサイトや大量の個人情報を扱うサイトの当人確認で使用するIDカード。

サイトなど，参照系サイトで使用するログインアカウント名とパスワードで当人確認するケースである。この場合，厳密な身元確認をすることなく簡単にクレデンシャル情報を発行することを許容する。パスワードの複雑性も要求しない。

②レベル２：信頼度要求レベルが中位な業務での当人確認

オンラインバンキングやオンライントレードのようなECサイトで使用するログインアカウント名とパスワードで当人確認するケースである。信頼度要求レベルが低位な業務でのサイトで使用する場合と比較して，クレデンシャル情報の発行手続きに，身元確認のある程度の厳密性の保証が必要であり，パスワードの複雑性も要求する。

③レベル３：信頼度要求レベルが高位な業務での当人確認

士業で医療情報などの要配慮情報を扱うサイトや大量の個人情報を扱うサイトなどで当人確認するケースである。クレデンシャル情報の発行手続きに対し，身元確認の最高レベルの厳密性の保証が必要である。ログインアカウントとしては，所有物認証に使用するIDカードなどの所有物や，生体認証に使用する生体情報などを加えて使用し，多要素認証を必須とする。

4.3.2　ログインアカウントの分類に対するID使用ガイドライン

情報システムは，本来これらの業務の申請手続きをシステム化したものであるため，業務が要求する信頼度要求レベルを意識して，システム提供者はログインアカウントを使用した情報システムの業務設計やシステム設計を行わなければならない。システム利用者も，自分のログインアカウントの使用と管理に対して，十分な配慮しなければならない。以下に，ログインアカウントのID使用ガイドラインを提案する。

ID使用ガイドライン

①4.2.2（4）でも示したように，当人確認の信頼度要求レベルの中・高位な業務で使用するログインアカウント名は，常時携帯するIDカードや他者に頻繁に提示するIDカードに記載してはならない。さらに，間接的なログインアカウント名漏洩を防止するため，以下のID使用ガイドラインを追加する。

- ・ログインアカウント名には，常時携帯するIDカードに記載されているID（Identifier）を使用しない。
- ・ログインアカウント名には，銀行口座番号のような他者に提示することの多いID（Identifier）を兼用しない。（メールアドレスは例外である。メールアドレスの取り扱いは，付録「コラム（その3）」に詳説したので参照していただきたい。）

・ログインアカウント名とシステム提供者内部管理用ID（たとえば，データベース設計の主キーであるIdentifier）との兼用をしない。

IDカード上にログインアカウント名を記載ないシステム設計をしたつもりが，IDカード上に記載されているID（Identifier）とログインアカウント名を兼用してしまったがために，間接的にログインアカウント名を常時携帯するIDカードや他者に頻繁に提示するIDカードに記載してしまっているケースが散見される。たとえば，銀行のキャッシュカード上に記載されている口座番号をインターネットバンキングのログインアカウント名として兼用したり，大学の学生証上に記載されている学籍番号を大学のホームページのログインアカウント名に兼用している事例である。上記のガイドラインによって，システム提供者が業務設計やシステム設計時に，ログインアカウント名をID（Identifier）と兼用することの誤用を防ぐことができる。このことよって，2.1.1（1）で示した「ログインIDとID番号の混同から発生する課題」の発生を防ぐことが可能となる。

②複数サイトでのログインアカウント名の兼用はできるだけ避ける。特に，業務が要求する信頼度要求レベルが中・高位な業務で使用するログインアカウント名の兼用はしてはならない。兼用する場合でも，業務が要求する信頼度要求レベルが異なるサイト間では兼用はしてはならない。

このガイドラインによって，2.1.2（1）で示した「リスト型攻撃による不正ログイン」の課題を防ぐことが可能になり，発生した場合でも被害を最小限に留めることができる。

③業務が要求する当人確認の信頼度要求レベルが低位なサイトでは，IDカードを使用した所有物認証は行わない。そうしないとシステム利用者が所有物を大切に管理する意識が低くなってしまうからである。そして，システム利用者は所有物認証で使用するIDカードは大切に管理しなければならない。

このガイドラインによって，数が増大するIDカードに対する管理意識が高まり，結果的に自己情報コントロールのレベル向上にもつながる。

4.4 「本人確認業務におけるID」の使い方

IDは，ヒトを識別するための識別子として付番されたり，ログイン行為を行ったヒトが当人であることを確認するための情報の一部として使用されたり，ヒトの身元を確認するための身元証明書としてのIDカードなどに使用されている。つまり，IDは本人確認業務と密接に関連しており，本人確認業務実施の際には必ずなにかしらのIDを使用することとなる。本人確認業務にかかわる制度設計や業務設計をする際には，まずその業務がどういった本人確認を必要としているのかを明確にし，そしてその本人確認に必要なIDは何であるかを明確に意識し，IDの使用ガイドラインを遵守することが必要である。

そこで本節では，3.2節で定義した4つの本人確認業務ごとに必要とされるIDの分類と，ID使用ガイドラインについて提案する。

4.4.1 本人確認業務におけるIDの分類

まず，本人確認業務とその業務を行う際のIDの使用方法についてまとめる。そして，本人確認業務の違いによって必要となるIDは異なるため，表4.6におのおのの本人確認業務の執行に必要となるIDの分類を示す。

①身元確認業務でのID使用方法

身元確認業務では，身元証明書（Identification）を使用して，身元の確認を行う。

表4.6　本人確認業務におけるIDの分類

本人確認業務	必要となるID			
	説明	Identifier	Identification	ログインアカウント名
身元確認	身元証明書であるIDカード（Identification）と，その券面に記載される券面管理番号であるID（Identifier）。	○（モノID）	○	×
当人確認	クレデンシャル情報の一部としてパスワードとペアで使用されるログインアカウント名，および所有物認証の所有物としてのIDカード。	×	△（注）（身元証明書ではないIDカードも使用可）	○
真正性の確認	業務の執行に必要となるID（Identifier）。	○（ヒトID）	×	×
属性情報確認	属性情報を検索・確認するために使用するID（Identifier）。	○（ヒトID）	×	×

（注）当人確認においてIDカードを使用する場合は，業務が要求する信頼度要求レベルが高位な当人確認業務に限定する。

②当人確認業務でのID使用方法

当人確認業務では，ログインアカウント名とパスワードのペアをクレデンシャル情報として使用して，当人確認を行う。

③真正性の確認業務でのID使用方法

真正性の確認業務では，その業務の執行に必要となる本人に付番された識別子（Identifier）と，その識別子（Identifier）に紐づけられた属性情報を使用して，その識別子（Identifier）が本人に対して付番されたものであることを確認する。

④属性情報確認業務での ID 使用方法

属性情報確認業務では，本人に付番された識別子（Identifier）を使用して，属性情報を取得し，業務を執行するために必要な属性情報の確認を行う。

4.4.2　本人確認業務における ID 使用ガイドライン

表4.6に示した本人確認業務で必要となる ID の使用は，基本的に4.1節から4.3節で示した ID 使用ガイドラインに従って，システム提供者は業務設計やシステム設計を行い，システム利用者は自分の ID の管理を行う必要がある。

以下では，各本人確認業務において，特に注意しなければならない主要な ID 使用ガイドラインのポイントについてまとめる。

ID 使用ガイドライン

①身元確認業務における ID 使用ガイドライン

身元確認業務で使用する身元証明書（Identification）上に記載する ID（Identifier）は，表4.4の分類と ID 使用ガイドラインに沿って行う必要がある。特に厳密度の高い身元証明書（Identification）に記載する ID（Identifier）は，その身元証明書（identification）をいつ誰に渡したかを管理するための券面管理番号（Identifier）を基本とする。その券面上にヒト ID を記載する場合は，記載するヒト ID の特性を十分考慮しなければならない。

②当人確認業務における ID 使用ガイドライン

当人確認業務で使用するログインアカウント名は，他者にできるだけ知られないように業務設計やシステム設計をしなければならない。ただし，メールアドレスは例外である。メールアドレスの取り扱い方法については，付録「コラム（その３）」で詳説しているので参照していただきたい。また，システム利用者は自分のログインアカウント名を，その使用目的を意識した管理をしなければならない。

当人確認業務の所有物認証に ID カード（Identifier 記載のカード）を使用する場合は，業務が要求する信頼度要求レベルが高位な当人確認業務に限定する。そして，システム利用者はその所有物の管理を大切に行う必要がある。

③真正性確認業務における ID 使用ガイドライン

真正性の確認業務で使用する ID（Identifier）は，異なるサイトでの安易な共通化や兼用は避ける。もしも共通化や兼用する場合は，ID（Identifier）の共通化や兼用の範囲は限定的にする。

また，ID（Identifier）とログインアカウント名との兼用も避ける。さらに，付番時の身元確認の厳密度が高く個人が特定できる ID（Identifier）は，個人情報保護法に従い個人識別符号としての慎重な取り扱いが必要となる。

④属性情報確認業務における ID 使用ガイドライン

属性情報確認業務で使用する ID（Identifier）は，前述の真正性の確認業務で使用する ID（Identifier）と同様の取り扱いが必要となる。

本人確認業務では，ID を使用したさまざまな確認業務が実施されている。たとえば，詳細は第５章で述べるが，現行のマイナンバー制度の中では，身元確認，当人確認，真正性の確認の３つの本人確認が行われている。そこでは，

・真正性の確認で使用する識別子（Identifier）としてのマイナンバー

・身元証明書（Identification）としての個人番号カード

・当人確認手段の所有物（ログインアカウント）としての個人番号カード

の３つの ID が導入されている。一つの制度に，これらの３つの本人確認と

３つのIDが導入され，IDに関連する用語の明確な定義やID使用ガイドラインがないままに制度設計が行われたために，2.1.1（４）で示した課題が発生してしまった。上記のガイドラインに沿って見直すことは，マイナンバー制度の課題解決策にとっても有効な手段となる（マイナンバー制度の見直し・改善策は付録（12）に記載)。また，本人確認業務ごとのID使用ガイドラインは，今後の本人確認業務に関連する制度設計において，制度設計の混乱防止策としても有効である。

4.5　まとめと課題
—ID使用の混乱状態解決のためのIDの分類とID使用ガイドライン—

本章では，第３章のIDに関連する用語の定義に従って，「IDの分類」と「ID使用ガイドライン」を提案した。この提案を実現することによって，第２章で示した「プライバシー保護の確立」の課題が防止できる。以下に，各課題に対する解決策として，この提案の有効性と課題についてまとめる。表4.7には，第２章で提示したID社会の抱えるおのおのの課題とその課題解決手段となる「IDの分類」と「ID使用ガイドライン」の対応を表の形式でまとめた。

（1）2.1.1（1）の「ログインIDとID番号の混同から発生する課題」に対する効果

まずは，第３章で提案したIDに関連する用語の定義を明確にして統一することがこの課題解決の第一歩である。その基で，4.1.1項で示したID(Identifier）の分類と4.3.1項で示したログインアカウントの分類，そして4.3.2項で示したログインアカウント名とID（Identifier）の兼用に関するガイドラインに従うことでログインIDとID番号の混同の発生を防ぐことができる。

（2） 2.1.1（2）の「IDカードとカード上に記載するID番号の多義性から発生する課題」に対する効果

まず4.2.1項に示したID（Identification）の分類に従い，IDカードの分類を行う。そのうえで，4.2.2項で示したIDカードの特性ごとのIDカード上へのID（Identifier）記載のガイドラインに従って，4.1.1項の分類に従ったID（Identifier）の記載を徹底する。そのことによって，IDカード上に記載するID番号の多様性から発生する混乱を防ぐことができる。

また，システム利用者は，4.1.1項で示したID（Identifier）の身元確認の保証レベルを意識することにより，システム利用者自らがIDカード上に記載されている（Identifier）の違いを意識することが可能となる。そのことによって，本人限定受取郵便の受け取りの際に個人番号カード記載のマイナンバーの提示依頼があった場合でも，相手の言いなりにならずに自ら提示を拒否することも可能となる。

（3） 2.1.1（3）の「連携する識別子であるID番号が多様であることから発生する課題」に対する効果

4.1.1項で示したID（Identifier）の分類に従って，まずはそのID番号が何に対して付番されたものであるかを明確にする。そのうえで，4.1.3項で示した情報連携におけるID使用ガイドラインに従うことによって，取得時の利用目的と本人同意に沿った情報の活用の原則を保つことが可能となる。さらに，情報連携の禁止項目もガイドラインで明確化することにより，鍵番号の情報連携のような社会的影響の大きいプライバシー侵害の発生を抑えることが可能となる。

（4） 2.1.1（4）の「IDの多義性から発生する課題」に対する効果

2.1.1（4）で示したマイナンバー制度設計の中で発生した課題は，多義性を持つIDの用語と，本人確認の用語が曖昧に使用された状態のまま議論や設計が行われたことに起因する。その課題解決には，まず第3章で提案したIDに関連する用語の定義に従って，用語の使用を統一することがプライバシー侵害の課題発生を防ぐことの第一歩となる。さらに，4.4節で示した本人確認ごとに必要なIDの分類に従って使用するIDを明確化し，4.1節から4.4節で示したID使用ガイドラインに従って制度設計を行うことで，間違った制度設計発生の再発防止が可能となる。

（5） 2.1.2（1）の「ログインIDの保有数の多さから発生する課題」に対する効果

4.3.2項に示した，ログインアカウントのID使用ガイドラインによって，異なるサイト間での安易なログインアカウントの兼用を防ぐことができる。そのことによって，リスト型攻撃を使用した不正ログイン防止が可能となる。

（6） 2.1.2（2）の「ID番号の付番数の多さから発生する課題」に対する効果

4.1.1項で示したID（Identifier）の分類と4.1.2項で示したID（Identifier）のID使用ガイドラインに従うことによって，システム提供者は，ID（Identifier）の特性に合致した情報セキュリティを保持した情報システムを構築することが可能となる。さらに，4.1.3項で示した情報連携におけるID使用ガイドラインを加えることで，多くのIDが複雑に連携されることによって発生するプライバシー侵害の懸念を防止することも可能となる。

また，システム利用者は，情報システムの専門家ではないため，ID（Identifier）の全ての特性を理解することは難しい。しかし，たとえば4.1.1項で示した身元確認の厳密度の高いID（Identifier）については，特に大切に自己管理することなどによって，自己情報コントロールのレベルを高めることが可能となる。

（７） 2.1.2（３）の「IDカードの保有数の多さから発生する課題」に対する効果

4.2.1項に示した身元証明書の分類によって，IDカードの身元証明書としの特性ごとの分類を行う。そして，その分類ごとに4.2.2項で示したID使用ガイドランに従ってID（Identifier）の記載や取り扱いを徹底することによって，IDカードの数の多さと多様性からくるIDカード取り扱いの誤解を防ぐことができる。さらに，詳細は第５章で述べるがこのID使用ガイドラインを遵守したうえで，厳密度の高い身元証明書を個人番号カードに集約すれば，増え続けるIDカードに歯止めをかけることが可能となる。

以上，本章では第３章で示したIDに関連する用語の定義に従って，IDを体系的に分類しID使用ガイドラインを作成し提案した。そして，そのことがIDの多義的な使用とIDの数の増大から発生する「プライバシー保護の確立」の課題解決となり得る効果について確認した。このようにIDの分類とID使用ガイドライン作成による課題解決の有効性は確認できたが，これらのガイドラインをシステム提供者とシステム利用者の両者に対して，いかに周知徹底していくかが今後の重要なポイントである。

さらに，これだけでも第２章で述べた多くの課題を解決することが可能となるが，IDの数の増大は喫緊の課題であり，より具体的な課題解決策を検討する必要がある。そこで，次章では，マイナンバー制度を有効活用することによって，IDの数の増大から発生する「プライバシー保護の確立」の課題の解決策を，より具体的に提案する。

表4.7　ID 社会の抱える課題と課題解決手段の対応

課題の項番	課題の発生原因	課題解決の章節	対応する課題解決手段の概要
2.1.1（1）	ログインIDとID番号の混同から発生する課題	4.1.1項 4.3.1項 4.3.2項	ID（Identifier）の分類。 ログインアカウントの分類。 ログインアカウントのID使用ガイドライン。
2.1.1（2）	IDカードとカード上に記載するID番号の多義性から発生する課題	4.1.1項 4.2.1項 4.2.2項	ID（Identifier）の分類。 ID（Identification）の分類。 ID（Identification）のID使用ガイドライン。
2.1.1（3）	連携する識別子であるID番号が多様であることから発生する課題	4.1.1項 4.1.3項	ID（Identifier）の分類。 情報連携におけるID使用ガイドライン。
2.1.1（4）	IDの多義性から発生する課題	4.1節 4.2節 4.3節 4.4節	3つのID（Identifier，Identification，ログインアカウント名）の分類とID使用ガイドライン。 本人確認業務におけるIDの分類とID使用ガイドライン。
2.1.2（1）	ログインIDの保有数の多さから発生する課題	4.3.1項 4.3.2項	ログインアカウントの分類。 ログインアカウントのID使用ガイドライン。
2.1.2（2）	ID番号の付番数の多さから発生する課題	4.1.1項 4.1.2項 4.1.3項	ID（Identifier）の分類。 ID（Identifier）の使用ガイドライン。 情報連携におけるID使用ガイドライン。
2.1.2（3）	IDカードの保有数の多さから発生する課題	4.2.1項 4.2.2項	ID（Identification）の分類。 ID（Identification）のID使用ガイドライン

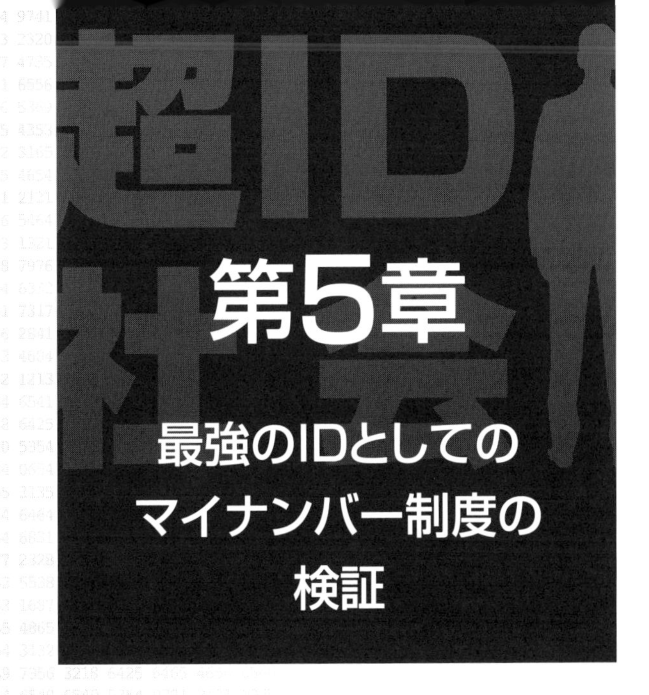

第5章 最強のIDとしてのマイナンバー制度の検証

マイナンバー制度の抱える
プライバシー侵害の課題を解決したうえで，
マイナンバーと個人番号カードの
有効活用がID氾濫の解決策となる。

マイナンバー制度では，国民全員に付番する唯一無二のマイナンバーと呼ばれる識別子を提供している。たとえば，税と社会保障（年金，医療，介護，労働，福祉）のために付番されている識別子をマイナンバーに集約することは，増大するIDを削減する有効な解決策となり得る。さらに，国民全員に新たな身元証明書として個人番号カードを提供することも目標としており，身元証明書としてのIDカードを個人番号カード一つに集約することもできる可能性がある。したがって，マイナンバー制度の活用は，IDの数の増大を削減する有効な手段となり得る。

本章では，IDの数の増大から発生する「プライバシー保護の確立」の課題解決策としてマイナンバー制度の有効活用について考察し，提案する。しかし，現行のマイナンバー制度は，プライバシー侵害を増長させるという指摘もある[26][27][28]。そこで本章では，まず現行のマイナンバー制度の抱えるプライバシー侵害の課題を明確化し，解決策を提案する。その解決策によってプライバシー侵害の不安を払拭したうえで，マイナンバー制度の有効活用について考察し提案する。

5.1　マイナンバー制度の仕組みと本人確認業務

本節では，2015年10月に施行されたマイナンバー制度で導入された仕組みと本人確認業務について概観する。

5.1.1　マイナンバー制度の仕組み

ID社会を迎えた中で，2015年10月5日から「行政手続きにおける特定の個人を識別するための番号の利用に関する法律」（略称：番号法，通称：マ

①付番

◎個人に
①悉皆性（住民票を有する全員に付番）
②唯一無二性（１人１番号で重複のないように付番）
③「民・民。官」の関係で流通させて利用可能な視認性（見える番号）
④最新の基本４情報（氏名，住所，性別，生年月日）と関連づけられている新たな「番号」（マイナンバー）を付番する仕組み
◎法人などに
上記①〜③の特徴を有する「法人番号」を付番する仕組み

②情報連携

◎複数の情報保有期間において，それぞれの情報保有期間ごとに「番号」やそれ以外の番号を付して管理している同一人の情報を紐づけし，相互に活用する仕組み
・連携される個人情報の種別やその利用事務を法令上明確化
・情報連携に当たっては，情報連携基盤を利用することを義務づけ（※ただし，官公庁が源泉徴収義務者として所管の税務署に源泉徴収票を提出する場合などは除く）

③本人確認

◎個人が自分が自分であることを証明するための仕組み
◎個人が自分の「番号」の真正性を証明するための仕組み
・現行の住民基本台帳カードを改良し，ICカードの券面にICチップに「番号」と基本4情報および顔写真を記載したICカードを交付
・正確な付番や情報連携，また，なりすまし犯罪などを防止する観点から不可欠な仕組み

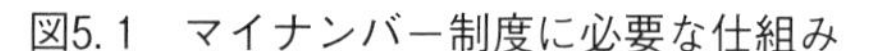

図5.1　マイナンバー制度に必要な仕組み

イナンバー法）が施行された。マイナンバー制度の導入により，住民票を有する全ての個人に対して，「個人番号（通称：マイナンバー）」が付番された。加えて，希望者は，身元証明書として使用することのできる「個人番号カード（通称：マイナンバーカード）」を取得することができるという制度設計になっている。2016年１月から利用が開始されたマイナンバーは，当初は税・社会保障の一体改革の目的に絞って利用が開始され，その後，徐々に利用範囲を拡大していくことが計画されている[60][61][62][63]。

マイナンバー制度導入の主な目的は，

①公平・公正な社会の実現，

②国民の利便性向上，

③行政の効率化

の３つであり，その仕組みは，図5.1に示すように，次の３つの要素から成

り立っている（政府・与党社会保障改革検討本部「社会保障・税番号大綱[64]」より作成）。

①付番：住民票を有する全ての個人に対して，新たに一人ひとりに唯一無二の「番号（マイナンバー）」を，各個人の基本４情報（氏名，性別，生年月日，住所）と関連づけて振っていく仕組み。
②情報連携：国税庁や日本年金機構など，複数の情報保有機関において，それぞれの機関ごとに「番号」に紐づけて管理している同一人の情報を名寄せする仕組み。
③本人確認：個人が，自分が自分であることを証明するための本人確認の仕組み。

5.1.2　マイナンバー制度における本人確認業務

マイナンバー制度に必要とされる本人確認業務とは何であろうか。番号法の第十六条（本人確認の措置）[25]では，以下のように定められている。

「個人番号利用事務等実施者は，第14条第１項の規定により本人から個人番号の提供を受けるときは，当該提供をする者から個人番号カード若しくは通知カード及び当該通知カードに記載された事項がその者に係るものであることを証するものとして主務省令で定める書類の提示を受けること又はこれらに代わるべきその者が本人であることを確認するための措置として政令で定める措置をとらなければならない。」

さらに，平成28年３月に国税庁から事業者向けに「国税分野における番号法に基づく本人確認方法[65]」として，個人番号の提供を受ける場合の本人確認方法について以下の定義が示されている。

「法定調書提出義務者や源泉徴収義務者は，従業員や報酬などの支払を受ける方から個人番号の提供を受ける場合に，本人確認として，

①番号確認（正しい個人番号であることの確認）と

②身元（実在）確認（提供を行う者が番号の正しい持ち主であることの確認）

の二つの確認を行うことが必要となる。」

さて，マイナンバー制度導入の当初の目的は，「社会保障と税の一体改革のために，納税者番号としての番号（Identifier）を新たに導入し，税と社会保障の範囲に限定して情報連携をして利用する」ということであった。その観点からすると，マイナンバー制度における税と社会保障の一体改革のために必要となる本人確認業務とは，国税庁の資料で示された「真正性の確認」と「身元確認」の２つであると考えられる。

つまり，もともとマイナンバー制度において必要とされる本人確認業務は，

①マイナンバーの真正性の確認：通知カードと身元証明書（運転免許証や旅券など）を利用して真正性の確認を行う

②本人の身元確認：身元証明書（運転免許証や旅券など）を利用して身元確認（実在確認）を行う

の２つを実施することで，当初の目的を達成することが可能となる。前述の「真正性の確認」を通知カードに記載してあるマイナンバーと基本４情報を活用して実施（身元証明書と基本４情報を照合する）し，「身元確認」は従来どおりに運転免許証や旅券などを利用して行えば完結する。つまり，マイナンバー制度実現のために新たに導入することが必要な本人確認の仕組みは，「マイナンバーの真正性の確認」の仕組みであり，通知カードを新たに導入すれば実現することができるのである。

しかし，マイナンバー制度は，その検討の過程において，その制度目的に「税・社会保障の一体改革」に加えて「新たな身元確認をする仕組みを導入

する」と「新たな国民 ID 制度（当人確認をする仕組み）を導入する」の目的を追加することになり，結果的に以下に示す３つの制度を導入することになった。これら３つの制度の目的と本人確認の仕組みを以下に示す。

①税・社会保障の番号制度

ａ．目的

社会保障と税の公平化・効率化の実現。つまり，きめ細かい税制，脱税予防と社会保障を正しく給付すること，納税事務および社会保障関連事務経費の大幅な削減の実現である。いわゆる税・社会保障の一体改革である。

ｂ．本人確認の仕組み

住民票コードをベースにマイナンバーを導入し，マイナンバーを税・社会保障の番号として活用するために必要となる，「マイナンバーの真正性確認」の仕組み。住民票コードをベースにしたマイナンバーの付番と，それを通知カードを発行して確実に通知する仕組み。

②身元証明書制度

ａ．目的

自分が誰であるかきちんと身元証明をする方法を国民に提供する。

ｂ．本人確認の仕組み

住民票コードをベースにした個人番号カードの導入と，定期的（子供は５年，大人は10年）に実在性確認と形質情報の再取得を行う身元確認の仕組み。

③国民 ID 制度

ａ．目的

行政の電子化による行政の効率化と手続の利便性向上の実現であり，行政の電子サイトへのアクセス手段を国民に提供する。

ｂ．本人確認の仕組み

個人番号カードの導入と，そのカードを所有物認証の所有物として使用してマイナポータルにアクセスする当人確認の仕組み。

このように，本来はそれぞれ異なる制度目的を持ち，実現のための仕組みも大きく違ってくるはずのものであるが，マイナンバー制度では，これらを一つの仕組みとして実現する試みを始めた状態にある。そのことによって，マイナンバー制度の導入に必要とされる本人確認業務が多岐にわたることとなり，いくつかの課題も指摘されるようになった。次節では，その課題について考察する。

5.2　マイナンバー制度の課題

マイナンバー制度で導入された識別子としてのマイナンバーは，増大するID（Identifier）の集約先として，個人番号カードは身元証明書としてのIDカード（Identification）の集約先として，現状打開策の切り札としての期待も高い。しかし，マイナンバー制度では，新たに複数の本人確認の仕組みを導入することになり，必要とされる本人確認業務が多様化してしまった。そのことにより，便利さの享受と裏腹にあるプライバシー侵害の課題がいくつか生まれてしまったのである。本節では，マイナンバー制度が抱える5つの課題について考察する。

5.2.1　身元確認の仕組み導入による課題

国（実際の業務は地方自治体）が，基本4情報と形質情報（写真）を紐づけた個人番号カードという新たな身元証明書を導入することになった。図5.2に示すように，個人番号カードの表面には，基本4情報（氏名，住所，生年月日，性別）とともに，形質情報として顔写真が記載され，裏面にはマイナ

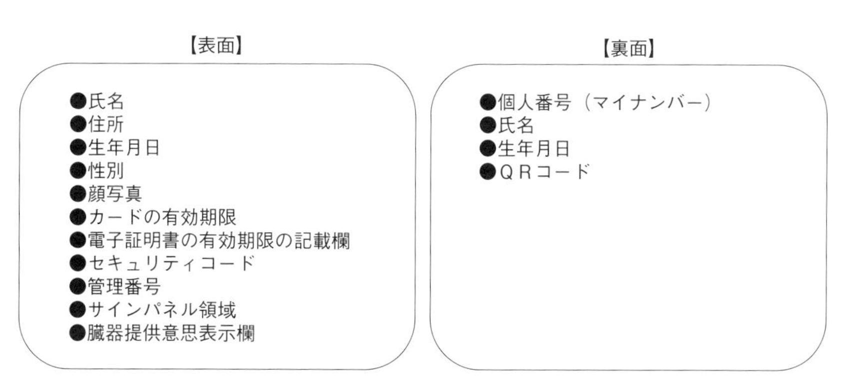

図5.2　個人番号カードの記載内容

ンバーが記載されることとなった。そのことにより，以下の３つの課題が挙げられる。

①課題１：マイナンバーの盗難リスク

むやみに他者に教えてはいけないマイナンバーを身元証明書となる個人番号カードに記載してしまったために，身元証明書の提示を求められた際，マイナンバーを盗み見されたり，裏面コピーを取られマイナンバーを取得されるリスクが発生する。

②課題２：マイナンバーの紛失リスク

身元証明書となる個人番号カードは，その性質上，常時携帯することになる。常時携帯するということは，紛失リスクが高まることとなる。大切に扱うべきマイナンバーが記載された個人番号カードを常時携帯することにより，特定個人情報であるマイナンバーが他者の手に渡ってしまうリスクが増大する。

③課題３：制度理解の困難さによる混乱リスク

「マイナンバーは大切に管理しなさい」「身元証明書は常時携帯しなさい」「それを１枚のカードに統合した」という矛盾した制度設計を理解することが難しい。この制度の隙間をついた詐欺発生のリスクが高まることともなる。言い換えると，制度設計が多目的であり難しすぎるため，個人番号カードの提示を求められたときに，提示すべきなのか拒否して良いのかの区別ができない状態になってしまった。身元証明書は他人に自分の身元を証明する際に提示するモノであるが，その身元証明書に他人にむやみに見せてはいけないマイナンバーが記載されていることの矛盾が，マイナンバー制度に対する理解を妨げてしまっている。

5.2.2 当人確認の仕組み導入による課題

当人確認では，4.3節に示したように業務が要求する信頼度要求レベルに合わせてログインアカウントを設定し，管理する必要がある。しかし，マイナンバー制度では，個人番号カードを使用した所有物認証を幅広く利用することを考えている。すなわち，電子政府（マイナポータルや e-Tax など）へアクセスする際，当人確認実施時の所有物認証の所有物（モノ）として，個人番号カードを使用することにした。さらには，その個人番号カードは将来的には民間企業の所有物認証の所有物として使用することを予定している。加えて，個人番号カードは健康保険証やクレジットカード，銀行発行カードなどとの兼用が計画されている[66]。それらのことにより，以下の課題が挙げられる。

④課題４：犯罪リスク

電子政府や民間企業のサイトでの当人確認時の所有物認証の所有物として個人番号カードを使用するということは，常に個人番号カードを携帯することが必須となり，紛失や盗難リスクは高まることになる。さらに，悪用者からの犯罪の最大のターゲットともなる。たとえば，銀行発行カードとの兼用が実現されれば，暗証番号さえわかれば，１枚のカードで複数の銀行のサイトから現金引き出すことが可能となる。便利さの享受は，同時に情報セキュリティのリスクを増大させることになる。

5.2.3　属性情報確認の範囲拡大の課題

属性情報（基本4情報）と紐づいている住民票コードを基にして新たに付番したマイナンバーを納税に関する情報だけでなく，幅広く情報連携することにより，社会保障や金融所得に関する情報も確認できることとした。さらには，図5.3に示すように，医療情報や奨学金情報など多くの属性との情報連携が計画されている。そのことにより，以下の課題が挙げられる。

⑤課題5：自己情報コントロールの困難さによるプライバシー侵害リスク

強制的に全国民に対して一生涯使用するマイナンバーが付番された。マイナンバーは，当初の利用範囲として想定されていた納税情報と社会保障情報（年金，医療，介護，労働，福祉）を越えて，奨学金や公的機関以外の金融資産情報など広範囲で使用され，多くの属性情報と連携されることが計画されている。その結果，自分の情報がどこまで連携されているかを把握することができず，自己情報をコントロールすることが難しくなり，「プライバシー保護の確立」ができなくなるリスクが増大する。

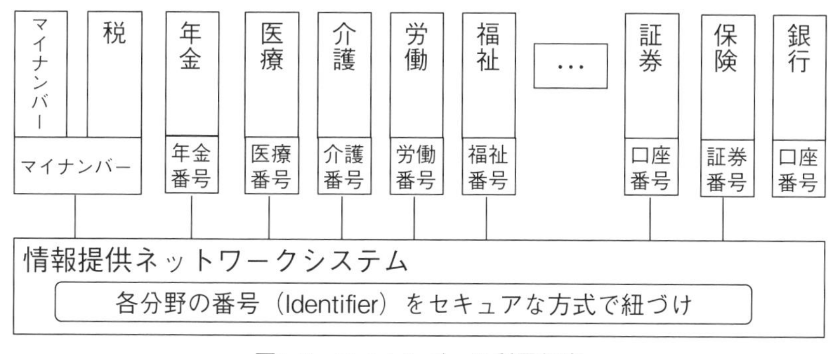

図5.3　マイナンバーの利用想定

5.3　諸外国の番号制度の動向

海外では，すでに多くの国で番号制度は導入され運用されている。「諸外国における国民ID制度の現状等に関する調査研究報告書[67]」や「諸外国における国民ID制度の現状～フィンランド，デンマーク，韓国を中心に～[68]」，「オーストラリアの背番号も番号カードも使わない電子政府：電子政府構想の日豪比較[69]」，「日本がモデルにしたオーストラリア電子政府と今後のID連携[70]」，「マイナンバー法のすべて　身分証明，社会保障からプライバシー保護まで，共通番号制度のあるべき姿を徹底解説[71]」，「日本の番号制度（マイナンバー制度）の概要と国際比較：個人識別子と行政統制の視点から[72]」などで，海外の番号制度の調査報告がなされているが，本節では，IT先進国である米国と，電子政府先進国と呼ばれる韓国に焦点をあてて，その実現方式を検証する。特に，日本のマイナンバー制度がまとめて導入することになった「税・社会保障の番号（マイナンバー）制度」，「身元証明書（個人番号カード）制度」，そして「電子政府にアクセスするための，国民ID（当人確認の所有物認証の所有物としての個人番号カード）制度」の3つの視点から考察する。

5.3.1　米国の番号制度

(1)　税・社会保障の番号制度の視点

米国において国民一人ひとりに付番される番号としては，社会保障番号（Social Security Number, SSN）が存在する。これは米国における社会保障プログラムの設立に際し，社会保障の給付を円滑に行うことを目的として1936年に設置されたものである。もともとは雇用の際や社会保障給付金の受け取りなど，社会保障分野の手続きの際に必要な番号として導入されたものであるが，1976年の税制改革法の成立に伴い，税の分野においても利用されるようになった。

このように，SSNには社会保障や税分野にかかわる個人の情報が紐づけされ，管理されており，社会保障庁（SSA）と内国歳入庁（IRS）間では，納税や個人所得に関する情報の共有が行われている。しかし，SSNを電子行政サービス利用におけるログインアカウントとして利用しようといった取り組みなどは存在しない。

SSNはさまざまな場面で利用されるが，個人の情報にSSNを紐づけることで，情報漏洩の際にその情報が誰のものであるかの特定が容易となりやすいという問題もあり，最近では民間企業がSSNを要求すること自体について，州レベルでの規制が始まりつつある。

（2）　身元証明書制度の視点

米国は車社会であることから，主な身元証明書としては運転免許証が利用されている。運転免許証の券面に記載される内容や発行ポリシーは州別にバラバラであり，偽造，不正取得等の犯罪の格好のターゲットとなってきた。連邦取引委員会（FTC）によると，2000年から2006年にかけて起きた身元詐称事件のうち35％で不正な運転免許証が利用されたとの統計もある。これら犯罪の増加に対応するために，米国連邦政府はReal ID Actと呼ばれる法案を2005年に可決した。

Real ID Actは，これまで州別にバラバラだった身元証明書の券面記載内容と発行プロセスを連邦政府が統一的に定め，基準をクリアしていない運転免許証については，身元証明書としては使えないようにしようというものである。因みに，運転免許証には，かつてはSSNが記載されていた時代もあったが，プライバシー保護の観点から，現在は記載されていない。

（3） 国民 ID 制度の視点

米国の国民 ID 制度の初期の事例としては，1996年の「電子サービス用アクセス証明書（Access Certificates for Electronic Services, ACES）」プログラムがあげられる。ACES では，電子政府サービスを利用する市民の電子証明書利用を促進するため，50万件の証明書を無料発行したが，そのうち現在も利用されているのは約 1 万件のみであり，さらに無料期間を過ぎて追加発行された電子証明書は2003年時点で約5,000件しかなくなっており，事実上失敗していた。

この電子証明書普及政策の失敗や，米国以外の国々における電子証明書普及施策の失敗を基に，米国は国民 ID 戦略を「国の配る電子証明書による電子政府アクセス」から，「民間の ID を利用した電子政府アクセス」に，大きく方針変更することとなった。この新しい戦略の代表ともいえるのがオバマ政権下で2010年 6 月に発表された National Strategy for Trusted Identity in Cyberspace（NSTIC）[73]である。NSTIC では，サイバー空間におけるセキュリティを高めることと同時に，行政コスト削減と民間の競争力強化を目的としており，そのために電子政府へのログインに民間 ID を利用することを今後の電子政府戦略の柱としている。この戦略の中心となる考え方がオープン・アイデンティティ・トラストフレームワーク[74]である。

オープン・アイデンティティ・トラストフレームワークとは，各ログイン ID の「信頼度」を外部機関が認定することで，そのログイン ID が各インターネットサービスに必要な「信頼度」を満たしているかどうかを知ることができるようにする仕組みである。

以上まとめると，米国の番号制度では，「税・社会保障番号」として，SSN を使用している。「身元証明書」は運転免許証であり，その券面に SSN の記載はない。「国民 ID」は民間企業の発行管理するログイン ID を活用する仕組みを構築中であり，その仕組みは SSN とは全く無関係である。

5.3.2　韓国の番号制度

(1)　税・社会保障の番号制度の視点

韓国で国民一人ひとりに付番されている番号は13桁の住民登録番号である。これは1968年の朴正熙暗殺未遂事件を契機に，スパイを識別する目的で全国民に振られたものである。また，これと同時に，国民一人ひとりに住民登録証を発行し，携帯を義務づけることとなった。

この成り立ちが示すように，もともとこの住民登録番号は住民管理用の番号であったが，現在では税務分野でも利用されている。たとえば，韓国のIMFショック以降，ほぼすべての商取引時に住民登録番号の提示が必要となり，韓国国税庁に申告されている。また，韓国ではインターネット実名制度を採用しており，各サイトのユーザが誰であるかを政府側で容易に実名に紐づけられるようにしている。これを実現するために，インターネットサービスを利用するためには，住民登録番号の入力が必要となっている。このような税分野，インターネット分野での番号利用は，その性格上，官・民いずれにおいても利用される非常に広範囲のものとなっている。

一方，社会保障分野の番号は住民登録番号とは別に存在する。たとえば，医療保険の被保険者番号は，世帯ごとに付番される番号であり，11桁で構成される。こちらは保険単位で発行されるため，２つの保険に加入する場合は２つの番号と保険証を所有することになる。

このように，社会保険分野では利用されていないとはいえ，韓国の住民登録番号は非常に広範囲にわたって利用される番号である。韓国では，番号を広範囲に利用し過ぎたことに起因した情報漏洩に伴う犯罪が増加しており，大きな社会問題になっている。

（2） 身元証明書制度の視点

韓国の主な身元証明書は住民登録証であり，17歳時点での取得と携帯が義務づけられている。住民登録証発行の土台となる台帳は住民登録簿であり，世帯情報，個人情報が記載された，いわば日本の戸籍と住民基本台帳を合体させたようなものである。韓国では出生に伴い住民登録簿への登録が行われ，17歳に達した時点で10指の指紋登録と顔写真の撮影が行われ，住民登録証を取得し，一生涯に渡り携帯し続けることになる。

現在の住民登録証はプラスチックカードであり，顔写真，ハングル氏名，漢字氏名，右手の親指の指紋，住所，偽造防止目的のホログラムに加えて，住民登録番号が記載されている。しかしながら，住民登録証はさまざまな場面で提示が求められるため，住民登録証の盗み見や，コピーなどにより，容易に他人に氏名と住民登録番号を知られてしまい，悪用されるということが頻繁に起きるようになってきた。

この問題に対応するために，国会行政安全委員会は，2013年より住民登録証のICカード化を行うと同時に，住民登録番号の券面記載を取りやめ，ICチップに内蔵する計画を打ち出した。この新住民登録証においては，券面に記載されるのは，顔写真，ハングル氏名，漢字氏名，生年月日といった現住民登録証と同様の情報に加え，性別，券面管理番号，有効期限等が記載される予定である。一方，現住民登録証に記載されている住民登録番号，指紋，住所については，多発するなりすまし犯罪への反省やプライバシー保護の観点から，機密情報としてICチップ内部にのみ格納される予定である。

（3） 国民ID制度の視点

韓国の電子政府サイトには，一般国民向けのG4C（Government for Citizens）や企業向けのG4B（Government for Business）などがある。これらのサイトへのアクセス手段には，サイト登録時に発行する独自のログインID／パスワードに加え，i-Pin（韓国情報通信部と韓国情報保護振興院が開発した仕組みであり，簡単にいえば，「住民登録番号」を紐づけたログインID／パスワードである），電子証明書の3つの方法がある。ただし，電子証明書が必須なのは住民登録票謄本・抄本の発給など身元確認が必要な手続に限定されており，全てのサービスに電子証明書が必要なわけではない。

韓国では，2013年以前には住民登録番号を納税者番号のみならず幅広い分野で活用・連携し，かつ，身元証明書にもその番号を記載していた。しかし，そのことに起因する情報漏洩が社会問題化し，新しく配布する身元証明書から住民登録番号の記載を廃止し，電子政府のアクセス手段も目的に合わせた多様化の方向に向かっている[67][68]。

以上の米国と韓国の事例検証からいえることは，両国ともに，かつては「税・社会保障の番号」を身元証明書に記載し，電子政府や民間サイトへのアクセス手段として利用を試みた時代があった。しかし，どちらも情報漏洩とプライバシー侵害が社会問題化したために，「税・社会保障の番号制度」，「身元証明書制度」，「国民ID制度」の3つの制度の分離独立を行っている最中であるということである。表5.1に日本，米国，韓国の3か国での番号制度で使用されているIDについてまとめる。身元証明書制度や国民ID制度に，税・社会保障の番号を関連させている制度設計は日本だけの設計とい

表5.1　各国番号制度で使用されているID

	税・社会保障の番号制度	身元証明書制度	国民ID制度
日本	マイナンバー	個人番号カードと記載されたマイナンバー	マイナンバーが記載された個人番号カード
米国	SSN	運転免許証と記載された券面管理番号	民間企業発行のログインアカウント名
韓国	住民登録番号	住民登録証と記載された券面管理番号へ	官・民発行のログインアカウント名

うことができる。

5.4　マイナンバー制度の課題解決策と有効活用の提案

本節では，まず現行の日本のマイナンバー制度の課題解決策を提案する。さらに，その課題を解決したうえで，「安心安全で便利なID社会基盤」構築の課題であるIDの数の増大の解決策として，マイナンバー制度の有効活用を提案する。

5.4.1　マイナンバー制度の課題解決策の提案

諸外国の番号制度の事例検証を参考にしたうえで，OECDの8原則[75]遵守の観点から，日本のマイナンバー制度の課題解決のために考えるポイントは，以下の3点である。

①「税・社会保障の番号制度」，「身元証明書制度」，「国民ID制度」3つの制度を融合すると，情報漏洩，プライバシー侵害の問題が発生するため，3つの制度を分離して，制度目的を明確化したうえで制度設計をすべきであること
②「税・社会保障の番号」を「身元証明書」へ記載することは，情報漏洩の最大原因となってしまうのでやめるべきであること
③「税・社会保障の番号制度」を多目的な制度にし過ぎると，その制度を理解することが難しくなってしまうため，制度の導入が社会的混乱やプライバシー侵害を引き起こしてしまう根源になってしまうこと

この3つのポイントを考えたうえで，OECDの8原則に従い，収集目的

を明確にし，収集するデータは必要最小限にしなければならない。この3つのポイントから再点検すると，以下の5つの課題解決策としての見直しが考えられる。

(1)　課題解決策1：3つの制度に分解した制度設計の見直し

現在複数の制度目的を持ったマイナンバー制度を「税・社会保障の一体改革のための番号制度」，「身元証明書制度」，「電子政府推進のための国民ID制度」の3つに分解して，制度設計を見直す。おのおのの制度ごとに実現のために必要な仕組みとIDは以下のとおりである。

①税・社会保障の番号制度

a．目的実現のために必要な仕組み

個人単位，世帯単位での所得や金融資産から得られる利子所得・配当金，および，社会保障の給付額等を正確に捕捉し，名寄せをもれなく実施する仕組みである。

b．必要なID

税情報と社会保障情報の名寄せのために使用する，国民一人ひとりに対して一意に付番するID（Identifier）が必要となる。

②身元証明書制度

a．目的実現のために必要な仕組み

身元確認を正確に実施可能とするためには，まず，身元証明書に記載されている名前，性別，生年月日と形質情報（たとえば顔写真）のリンク関係の精度を高めることが必須である。そして，人間の形質情報は年月とともに変化するし，寿命もあるので，その身元証明書を定期的に更新する仕組みが必要となる。さらには身元証明書の偽造防止の徹底した仕組みと，身元証明書の券面を管理するための券面管理番号をベースとした仕組みが必要となる。加えて，震災や自然災害時に身元証明書を紛失しても問題がないようなセンターバックアップの仕組み作りも必須となる。

b．必要なID

厳密な手続きでかつ厳密な形質情報が貼付された1枚で身元証明書となる厳密度の高いID(Identification)が必要となる。そしてそのID(Identification)を管理するため番号としてのID（Identifier）を付番し，その券面上に記載する必要がある。

③国民ID制度

a．目的実現のために必要な仕組み

バックオフィス業務の電子化と，その電子化されたシステムにアクセスするための使いやすい仕組み（サイトにログインするための仕組み）である。

b．必要なID

電子政府のサイトにログインするためのログインアカウントが必要となる。

（2） 課題解決策2：個人番号カードと通知カードの役割の見直し

3つの制度に分解して設計することにより，マイナンバー制度の理解を難しくしている最大の原因である「個人番号カードにマイナンバーが記載されている」ことの解決策が明らかになる。すなわち，現在の通知カードと個人番号カードの役割を分離することが重要である。そして，個人番号カードには券面管理番号（モノID）を記載し，身元証明書として使用することとする。なぜなら，厳密度の高い身元証明書に必要なIdentifierは，4.2.2（1）で提案したようにヒトに付番するIdentifierではなく，旅券や運転免許証といった既存の身元証明書と同様にモノに付番するIdentifierとすべきだからである。まとめると，個人番号カードにマイナンバーを記載することはやめて，個人番号カードには券面管理番号を付番し，それを記載したものを新たな個人番号カードとして再発行し，現在の個人番号カードは廃棄することを提案する。

そして，個人番号カード引き渡し時にも，通知カードは国民の手元に残す仕組みとし，マイナンバーの真正性の確認には通知カードに記載されたマイナンバーのみを使用可能とすることを提案する。

（3） 課題解決策3：マイナンバーの納税者番号としての使用方法の見直し

一つの番号に多くの目的を持たせることは，制度の全体像を理解することを難しくさせ，プライバシー侵害や犯罪の温床となるリスクを高めることになる。そこで，マイナンバーは，その導入の原点である「納税者番号である」ことを明確に意識して制度の再点検を行い，まずは納税業務に必要な本人確認業務の設計のみを行うことを提案する。

さらに，納税のために多くの番号利用事務実施者に対して，マイナンバーに加えて身元証明書のコピーを渡してしまう現在の制度設計を改め，米国のSSNVS（Social Security Number Verification System）のような仕組みを公共サイドが用意することを提案する。それにより，納税業務の実施のために番号利用事務実施者などに渡す情報から，身元証明書のコピーを不要とすることが可能となり，プライバシー侵害のリスクが軽減できると考える。

マイナンバーの使用目的を「納税者番号」に限定することによって，通知カード上に記載されるID（Identifier）の使用目的は限定されることになる。これは，4.2節で提案した身元証明書の分類とID使用ガイドランとも合致し，通知カードは表4.4左下の厳密度が中程度の身元証明書として扱うことが可能となる。そうすれば，通知カードの特殊性も改善され，2.1.2（3）で示した個人番号カードと通知カードの取り扱いの混乱を解決することもできる。すなわち，どちらのIDカードも身元証明書としての使用を可能とすることができる。その際には，通知カードも個人番号カードと同様に期限付きで定期的に更新する仕組みとする。

（4） 課題解決策4：マイナンバーの情報連携の見直し

個人番号カードにはマイナンバーの代わりに券面管理番号を記載することにしたうえで，そのモノIDである券面管理番号と，納税者番号などのヒトIDとの間の情報連携は，必要に応じて情報提供ネットワークを通して実現する。連携する範囲は，実現する制度目的を明確にしたうえで，OECDの8原則に従い，目的に沿った最低限の範囲にするよう再度点検すべきである。また，モノIDとヒトIDの連携は，4.1.3項で示した情報連携におけるID使用ガイドラインに沿って行うこととする。

（5） 課題解決策5：個人番号カードのログインアカウントとしての使用方法の見直し

新しく発行した個人番号カードは，電子政府のサイトにログインするための当人確認の一つの手段として，業務が要求する信頼度要求レベルが高位な業務でのみ使用する。電子政府サイトの信頼度要求レベルの低い業務に対しては，民間企業発行のログインアカウント名もログインアカウントとして使用できる仕組みを追加することを提案する。

5.4.2 マイナンバー制度の有効活用の提案

5.4.1項のマイナンバー制度の抱える課題解決提案の実行により，現在のマイナンバー制度に潜むプライバシー侵害の懸念はかなり払拭されることとなる。2019年11月時点での個人番号カードの普及率は14.3%と低いままであるが，この課題解決策を実行すれば，個人番号カードへの国民の不信感がなくなり取得者数も向上すると考える。この課題解決策を実行したうえで，IDの数の増大から発生する「プライバシー保護の確立」の課題解決策として，以下の2つのマイナンバー制度の有効活用を提案する。

①現在は，税と社会保障（年金，医療，介護，労働，福祉）の分野で一人のヒトに対して別々のID（Identifier）が付番されている。マイナンバーの使用目的を納税者番号として明確化した後に，将来的に社会保障関連の番号をマイナンバーに集約することを提案する。まずは，納税者番号として見直しを実施したうえで，段階的に社会保障番号の集約をしていくことが重要である。

②現在は，１枚で身元証明書として使用可能な厳密度の高いID（Identification）には，運転免許証，旅券，運転免許経歴証明書，個人番号カードが存在する。運転免許証や運転免許経歴証明書，旅券は，本来は資格証明書であるものを多義的に身元証明書として使用しているため，保持している人が限定されている。そこで，全国民があまねく保持することのできる１枚で身元証明書として使用可能なID（Identification）を個人番号カードに集約することを提案する。

5.5　まとめと課題
―現在のマイナンバー制度の抱える課題・改善策と有効活用―

本章では，IDの数の増大により発生する課題解決の手段としてマイナンバー制度の有効活用を提案した。以下に，この提案を実現することによって，第２章で示した「プライバシー保護の確立」の課題が解決できる理由についてまとめる。現在のマイナンバー制度の抱える課題・改善策については，付録（12）と付録「コラム（その２）」にまとめているので参照していただきたい。

①そもそもマイナンバー制度の目的の一つは，税と社会保障の分野のID番号を統一することであった。ID（Identifier）をマイナンバーに集約する

ことによって，ID（Identifier）の数の増大に一つの歯止めをかけることができる。少なくとも，基礎年金番号，健康保険番号，介護保険番号，雇用者保険番号などの社会保障番号と，現在の納税業務のために税務署の内部で使用されている納税者番号は，一つのID（Identifier）としてマイナンバーに集約することができる。このことによって，多くの事務処理の効率化が期待できるとともに，システム利用者にとっても管理すべきID（Identifier）の数が減り，大切にすべきID（Identifier）とその使用目的を明確に意識することができる。保有するID番号の数が減り，かつIDの使用目的が明確になるということは，2.1.2（2）に示した自分の保有するID（Identifier）に関する自己情報コントロールのレベルを高めることにつながる。

②１枚で使用可能な身元証明書を個人番号カードに集約することは，身元証明書としてのIDカード使用方法の誤解を防ぐことができる。身元確認を厳密に行う必要がある業務において，１枚で使用可能な身元証明書として運転免許証，旅券，運転経歴証明書が存在するが，これらを個人番号カード一つに集約すれば，システム提供者もシステム利用者も2.1.2（3）に示したようなIDカードの認識不足による課題発生を防ぐことが可能となるからである。同時に，個人番号カードの有用性が増すため，個人番号カードの普及率向上にも寄与することとなるであろう。

③運転免許証は車を運転する人だけ，旅券は海外渡航をする人だけ，運転経歴証明書はかつて車を運転していた人だけが持ち得る資格証明書である。つまり，本来は資格証明書であるモノを身元証明書として兼用している状況であり，言い換えれば日本には１枚で厳密な身元証明書となり得るIDカードを持っていないヒトが多数いるという状態であると言うことができる。個人番号カードは全国民があまねく持つことのできる身元証明書であり，１枚で使用可能な日本の身元証明書を統一するという意味も含めると，国民が理解し易く，導入し易い仕組みとなり得る。しかし，現行のマイナ

ンバー制度は，制度の導入によってプライバシー侵害が増大する恐れがあるという指摘[26][27][28]もあり，2019年11月時点では個人番号カードの普及率は14.3%と低いままである。個人番号カードの記載内容からマイナンバーを削除することでプライバシー侵害の不安を払拭したうえで，厳密度の高い身元証明書を個人番号カードに集約すれば，個人番号カードの普及率は一気に上昇するであろう。このことによって全国民があまねく所有することのできる厳密度の高い身元証明書の導入が可能となり，運転経歴証明書の発行は不要となり，IDカードの数を減らすことにもつながる。しかし，その実現のためには，省庁の垣根を越えた関連部署との多くの調整が課題となる。

以上，第3章，第4章，第5章では，「安心安全で便利なID社会基盤」構築の抱える2つの課題の1つである「プライバシー保護の確立」の課題に対して，その解決策の提案と検証を行った。第6章では，2つめの課題である「効率的な情報連携の実現」の課題解決策を提案する。

第6章

「効率的な情報連携の実現」に必要な仕組み

「効率的な情報連携の実現」には，
「ID連携トラストフレームワーク」の
構築が有効である。

本章では,「効率的な情報連携の実現」の課題解決策について提案する。「効率的な情報連携の実現」には，野村総合研究所発行の第148回 NRI メディアフォーラム資料[29]にあるように，ID エコシステムの実現が有効である。ID エコシステムとは，複数事業者のサイト間で ID 連携を実現することによって，業界内での情報流通と取引を活性化させ，ビジネスの発展を促進するエコシステムのことである。その実現のための仕組みとして,「トラストフレームワークを用いた個人番号の利活用推進のための方策[31]」や「ID 連携トラストフレームワーク[30]」,「ID 連携トラストフレームワークの推進[77]」にあるように,近年国内では経済産業省や総務省を中心に ID 連携トラストフレームワークを構築することの検討が進んでいる。ID 連携トラストフレームワークとは，ID 連携を行うために必要となる事業者間の信頼関係構築の仕組みである。

そこで，本章では現在検討中の ID 連携トラストフレームワークについて考察し，構築に向けた課題を明確化し課題解決策を提案する。その課題解決によって，ID 連携トラストフレーム構築を現実的に実用化可能なものにすることができ，ID エコシステムの実現が進み，効率的な情報連携の実現が可能となる。

6.1 ID エコシステムの実現に必要な ID 連携の仕組み

ID エコシステムは，利用者にとっては，自分の使いたい ID(Digital Identity) を使用して，複数事業者の情報を連携させて，さまざまなサービスを利用することが可能となる利便性の高いシステムである。たとえば，ネットスーパーやホテル予約サイトへのログインとサービス利用を，普段使用している Yahoo! JAPAN や Facebook などの SNS の認証機能を使用して実行することが可能となる。

本節では，まずIDエコシステムを実現するための基盤として必要となるサイト間でのID連携の仕組みについて整理し，そのID連携を支える技術とその標準化および普及状況について概観する。そして，多対多のサイト間で効率的にID連携を行うために必要となる信頼の枠組みの構築の必要性について，当時筆者も検討に参加した野村総合研究所発行の第148回NRIメディアフォーラム資料[29]を先行研究の基にして，考察する。

6.1.1 ID連携技術の仕組み

(1) ID連携の構成要素

IDエコシステム構築のためには，ID連携，すなわち，ID(Digital Identity)を使用して異なるサイト間で認証結果や個人情報を連携する仕組み作りが必須となる。ID連携の仕組みは，図6.1に示すように，基本的にシステム提供者とシステム利用者の2者から構成される。さらに，システム提供者は，ID発行管理者とサービス提供者の2者から構成される。この図6.1に示す3つの構成要素がおのおのの機能を果たすことにより，IDを使用した情報連携が実現される。なお，本章で示すIDは「デジタルアイデンティティの略称としてのID（Digital Identity)」である。3.1節で定義したように，システム提供者がシステム利用者を識別するために付番したID（Identifier）のことであり，かつ，システム利用者がシステム提供者のサイトにログインする際に使用するID（ログインアカウント名）のことである。以下に，各構成要素の役割と機能について示す。

①システム提供者

　システム利用者がサービスを利用するためのシステムを構築し提供する。IDの発行管理者とサービス提供者から構成される。

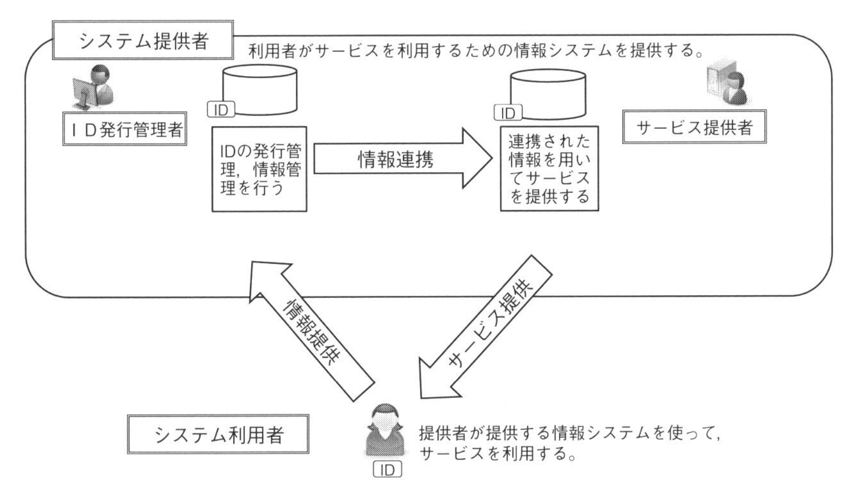

図6.1　ID 連携の構成要素

a．ID 発行管理者

システム利用者に対して，ID に関する発行管理と，システム利用者から提供される個人情報の管理を行うシステムを構築し提供する。必要に応じて，サービス提供者に対して，認証結果と個人情報の連携を行う。具体的には，以下の機能を提供する。

・システム利用者に対する ID の発行管理機能
・システム利用者の個人情報の取得管理機能
・発行した ID を使用した認証機能
・サービス提供者への認証結果の連携機能
・サービス提供者への個人情報の連携機能

b．サービス提供者

ID 発行管理者から連携された認証結果，個人情報を使用して，システム利用者に対してサービス利用に必要なシステムを構築し提供する。具体的には，以下の機能を提供する。

・システム利用者からのサービス利用の受付機能

・ID 発行管理者からの認証結果の連携機能
・ID 発行管理者からの個人情報の連携機能
・システム利用者へのサービス利用の提供機能

②システム利用者

システム提供者が提供するシステムを使って，サービスを利用する。具体的には，以下の行為を行う。

・ID 発行管理者に対する ID の発行要求行為
・ID 発行管理者に対する個人情報の提供行為
・サービス提供者に対するサービス利用要求行為
・ID 発行管理者の認証機能を使用したサービス提供者サイトへの認証要求行為
・ID 発行管理者とサービス提供者間での情報連携に対する同意行為
・サービス提供者が提供するシステムを使ったサービス利用行為

（2） ID 連携の定義と実現方法

ID 連携とは，システム利用者があるサイトにログインする際に，普段使用している別のサイトの認証機能を使用してログインし，そのサイト間で情報連携を行うことである。現在，SAML[21]，OpenID[22]，OAuth[23]といった ID 連携（認証・認可）の技術が開発され，標準化が進み，ID 連携は普及期を迎えている。特にインターネットでのサイト間では OpenID や OpenID Connect 技術を用いた ID 連携が頻繁に行われている。ここでは，OpenID 技術を用いた ID 連携の業務フローを，図6.2を用いて説明する。その手順は，以下のとおりである。

①システム利用者が，ID 発行管理者に対して，ID の発行要求を行う。
② ID 発行管理者が，システム利用者に対して，ID の発行を行う。
③ ID 発行管理者が，システム利用者に対して，個人情報の登録要求を行

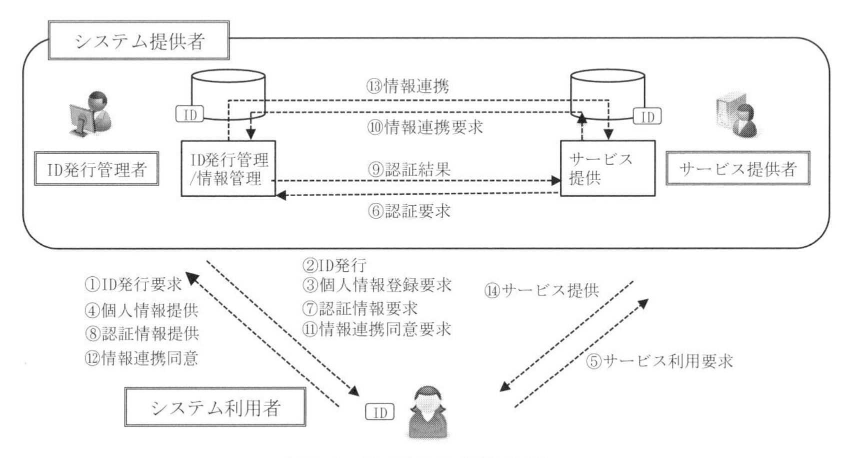

図6.2 ID連携の業務フロー

う。

④システム利用者が，ID発行管理者に対して，個人情報の登録提供を行う。

⑤システム利用者が，サービス提供者に対して，サービスの利用要求を行う。

⑥サービス提供者が，ID発行管理者に対して，認証要求を行う。

⑦ID発行管理者が，システム利用者に対して，認証情報の入力要求を行う。

⑧システム利用者が，ID発行管理者に対して，認証情報の入力提供を行う。

⑨ID発行管理者が，サービス提供者に対して，認証結果の情報連携を行う。

⑩サービス提供者が，ID発行管理者に対して，個人情報の連携要求を行う。

⑪ID発行管理者が，システム利用者に対して，個人情報連携の同意要求を行う。

⑫システム利用者が，ID 発行管理者に対して，個人情報連携の同意を行う。
⑬ ID 発行管理者が，サービス提供者に対して，個人情報の情報連携を行う。
⑭サービス提供者が，システム利用者に対して，サービスを提供する。

この業務フローで重要な部分は，手順⑪と⑫により，システム利用者本人の同意をベースとした ID 連携を可能にしているところである。

6.1.2　信頼関係の構築と ID エコシステムの実現

（1）　信頼関係の構築

ID 連携では，図6.2に示すように，まず手順⑨で ID 発行管理者からサービス提供者に対して認証の確認結果のみが提供される，その際に認証情報は提供されない。そして，手順⑬では ID 発行管理者が保持する情報の中から，システム利用者が情報の提供に対して同意した情報（たとえば，住所，氏名，年齢など）のみが，ID 連携の情報システムを使用して，ID 発行管理者からサービス提供者に提供される。

しかし，事業者をまたがった ID 連携の実施のためには，ID 連携を行う相手の事業者が信頼できる相手であるか否かを事前に確認する必要がある。たとえば，情報提供元である ID 発行管理者からみると，情報提供先であるサービス提供者が提供した情報を漏洩すると，自社の信頼失墜にもつながりかねない。サービス提供者からみると，ID 発行管理者から提供された情報が，そもそも ID 発行管理者内で正しく取得され管理されている情報であるか否かなどを確認する必要がある。つまり，ID 連携を実施する前作業としての，事業者間での信頼関係の構築を行う作業が必須となる。

以下にその主なポイントをあげる。

・ID 連携をするサイト同士の，セキュリティポリシーの確認

ID 発行管理者とサービス提供者が異なる事業者である場合，おのおのの事業者においてセキュリティポリシーは異なっている。セキュリティポリシーには，おのおのの事業者が保有する情報資産の内容，情報資産に対するセキュリティ対策の内容，セキュリティ管理体制などが記載されている。ID 連携を実施する際には，お互いのセキュリティポリシーを確認して，より厳しいセキュリティポリシーを持っている人に合わせるなどの事前調整が必要となる。

・ID 連携をするサイト同士の，個人情報保護方針の確認

個人情報保護方針も事業者によって異なっている。個人情報保護方針には，おのおのの事業者が保有する個人情報の内容と，その個人情報の取り扱い方針が記載されている。個人情報保護方針の内容についても，ID 連携を実施する前に，お互いに内容を確認したうえで調整を行う必要がある。たとえば，システム利用者が ID 発行管理者に提供した個人情報は，ID 発行管理者の個人情報保護方針に同意して提供した情報であるため，その情報の提供を受けたサービス提供者では，ID 発行管理者の個人情報保護方針に合わせる調整などを行う必要がある。

・連携する情報の具体的な内容の取り決め

セキュリティポリシー，個人情報保護方針の確認，調整を実施した後に，連携する情報の具体的な内容の調整を行うが，最終的には，システム利用者の同意を取ったうえで連携を行うことが前提となる。

・連携する情報のそもそもの取得目的の確認

情報連携することが当初の情報取得時の利用目的に入ってない場合には，システム利用者への同意取得や公開する方法を取り決める必要がある。

・ID 連携を解消する際の取り決め

ID 連携解消の取り決めは，特に連携相手の事業者が倒産した際の取

り扱い方法などを慎重に決めておく必要がある。連携相手の企業が倒産した場合に，個人情報が漏洩してしまい，その情報がリスト型攻撃に使用されてしまうケースもあるため，事前に詳細な取り決めを行う。

・連携する情報の管理に関する事業者間での責任分解点及び賠償責任の取り決め

　ID 連携をした情報の管理責任の範囲を明確化し，情報漏洩などの問題が発生した場合の賠償責任の取り決めを事前に行う必要がある。

・上記の確認や取り決めを行った後の事業者間での契約の締結

　契約書の締結は，どちらの事業者の契約書をベースにするか，損害賠償事項の記載内容や文言調整など，事業者間で多くの確認と調整を行うことが必要となる。

このように，ID 連携を実施するためには，事前に情報連携元（ID 発行管理者）と情報連携先（サービス提供者）との間で上記のさまざまな確認や取り決めをすること，つまり信頼関係を構築することが前提となる。そのうえで，ID 連携技術を活用して ID 連携の情報システムを構築することとなる。

(2) ID エコシステムの実現

ID 連携技術の進歩によって ID 連携をシステム的に構築することが容易になってきた現在では，技術的な ID 連携システム構築よりも，前述した事前の信頼関係構築作業により多くの時間とコストが費やされている。さらに，事業者がより積極的に情報活用を推進するためには，複数事業者をまたがって多対多のサイト間での ID 連携を，速く低コストで行う環境の実現が望まれている。ID 連携技術の標準化や API 化が進んだことにより，多対多のサイト間での ID 連携システムを構築することは技術的には容易となったが，しかし，実際の信頼関係の構築は 1 対 1 の事業者間での関係構築ですら大変な作業であり，多対多の信頼関係構築のためには，膨大な時間とコストを要

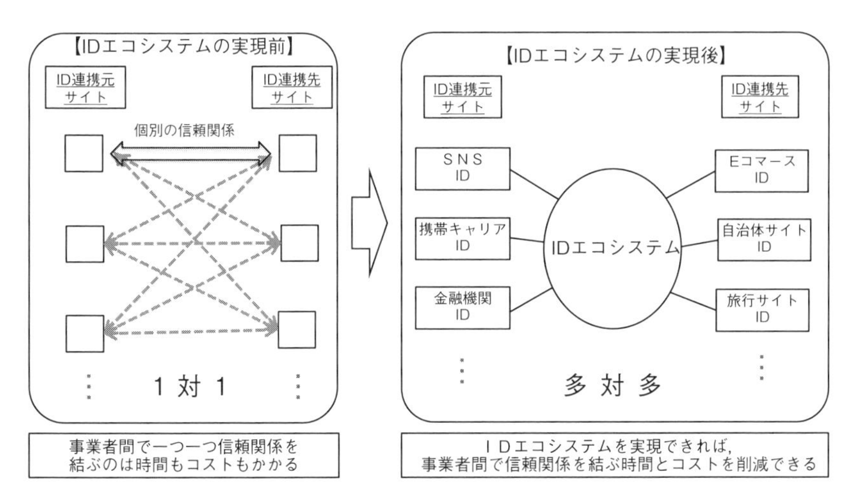

図6.3 ID エコシステム実現による信頼関係の構築

している。

この課題解決のためには，速く低コストで多対多の信頼関係構築を効率的に行える環境，すなわち，ID エコシステムを実現することが望まれている。ID エコシステムが実現できれば，図6.3に示すような多対多のサイト間での信頼関係を効率的に構築することが可能となる。野村総合研究所の第148回 NRI メディアフォーラム[29]では，民間事業者の発行した ID を活用した ID エコシステムの実現により10兆円を越える経済効果を試算している。

6.2 ID 連携トラストフレームワーク構築の動向

6.1節で述べた多対多のサイト間で効率的に ID 連携を行うために必要な信頼の枠組みを構築する手段として，ID 連携トラストフレームワークがある。その内容は，サイト間での信頼関係を構築するために必要となる取り決めや確認作業を，各事業者に代わって第三者が，サイトの事業者間の契約関係も含めて行うことによって，多対多のサイト間の信頼関係を保証するフレームワークである。信頼関係の構築を事業者に代わって第三者が行うことによって，信頼関係構築に要する事業者負担が軽減され，事業者からみると速く低コストで複数事業者間での信頼関係を構築することが可能となる。数年前から米国で検討が始まり，米国での国民ID制度の枠組みとして実装が行われている。日本では，2015年から経済産業省や総務省を中心に本格的な検討が開始されている。

本節では，まずID連携トラストフレームワークを概観し，この分野で先行する米国のID連携トラストフレームワーク構築の動向について述べる。そして，日本のID連携トラストフレームワークの検討状況を経済産業省発表の「ID連携トラストフレームワーク[30]」などに基づいて分析し，その課題について考察する。

6.2.1 ID連携トラストフレームワークとは

ID連携トラストフレームワークとは，複数事業者間での信頼関係構築の作業において，サイトの事業者間で行わなければならない取り決めや契約のために費やされる時間とコストの削減を実現するために，その作業を肩代わりする第三者による統制の仕組みのことである。

第三者の統制の仕組みでは，まず「ルール作成者」が信頼関係構築に必要な条件となるルールを作成し，そのルールへの適合性の監査を行う監査機関を認定する。そして，認定された「適合性の監査機関」がルールに基づき監査要件を作成し，システム提供者（ID発行管理者とサービス提供者）の監査を実施する。実際の監査の実施は，多数のシステム提供者に対して実施する必要があるため，監査機関が認定した「認定監査人」が行う。この統制の仕組みを表6.1に示す。この表は，経済産業省発表の「ID連携トラストフレームワーク[30]」および一般財団法人日本情報経済社会推進会議発表の「ID連

表6.1 ID 連携トラストフレームワークの統制の仕組み

名称	役割	担当
ルール作成者	ID 連携トラストフレームワークにおける要求事項やルールを作成する。適合性監査機関の認定基準を策定する	第三者（政府や，業界）
適合性の監査機関	ルール作成者が策定したルールに基づき，保証レベルを定義し，保証レベルごとに事業者が満たすべき技術，運用面での監査要件を作成する。監査を行う監査人を認定し，監査人の監査結果に基づき事業者を認定する	第三者（第三者機関）
認定監査人	適合性の監査機関が作成した監査要件に基づき，事業者に対して監査を実施する	第三者（監査人）

携トラストフレームワークを活用した官民連携の在り方に関する調査研究(平成27年度)[59]」を参考にまとめたものである。

そして，図6.4に示すように，この統制の仕組みが，ID 発行管理者とサービス提供者を監査し，認定し，契約する。この仕組みによって，各事業者が

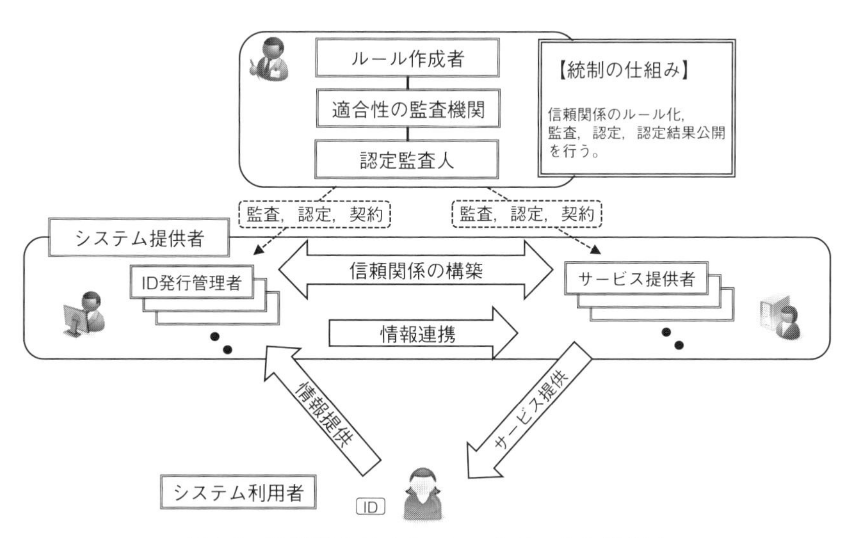

図6.4 ID 連携トラストフレームワークの概念図

個別にID連携の相手のセキュリティに関する信頼度を確認したり，契約交渉したりする必要がなくなるため，信頼関係構築のための時間とコストを抑えることが可能となる。

6.2.2 米国のID連携トラストフレームワーク構築の動向

米国では，2010年6月に発表されたNSTIC（National Strategy for Trusted Identity in Cyberspace）[73]の国家戦略の中で，米国政府の推進する「国民ID制度」として，OITF（Open Identity Trust Framework）[74]という名称でID連携トラストフレームワークの採用が決まり遂行されている。OITFでは，米国連邦政府の一般調達局と国防総省共管のICAM（Identity, Credential, & Access Management）が“ルール作成者（Policy maker）”となり，OIX（Open Identity Exchange）などの“監査機関”が認定した“監査人”が，そのルールに基づいて，Google，PayPal等の“ID発行管理者”の監査を実施し，認定を行う。この関係を図6.5に示す。これにより，米国民は，“認定された民間ID”を用いて，“電子政府サービス”を利用可能となるのである。たとえば，米国民はGoogleのIDを用いることで，いつでも米国議会図書館文献調査や書籍の貸し出し等の行政サービスを利用することができる。

そして，現在の米国のICAMの基準では，サービス提供者を政府機関に限定している。つまり，民間IDを使って電子政府のサイトにログインすることを可能にすることによって，電子政府利用の活性化を図っている。

6.2.3 日本のID連携トラストフレームワーク構築の動向

日本においては，近年になり筆者らが長年にわたり提案してきたID連携トラストフレームワーク構築の必要性が認識され，2015年11月から経済産業

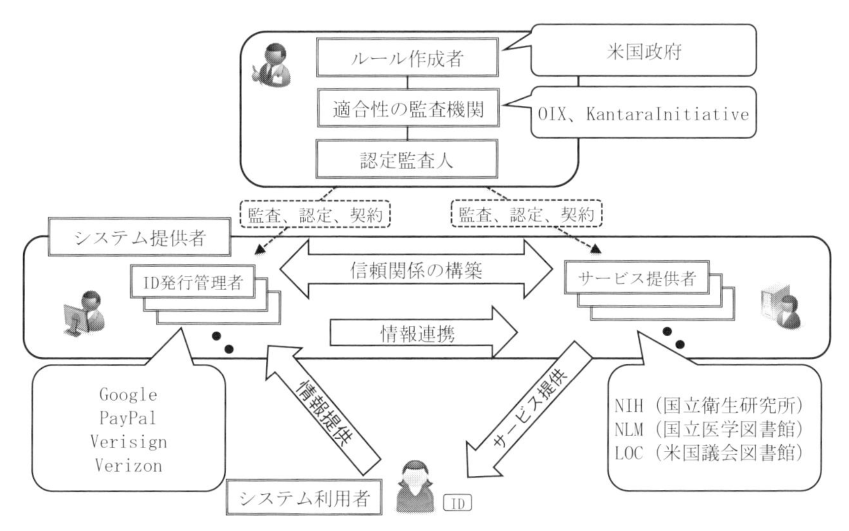

図6.5　米国のID連携トラストフレームワークと国民ID制度

省とJIPDEC（一般財団法人日本情報経済社会推進協会）を中心に「ID連携トラストフレームワーク戦略委員会」が立ち上がり，数回の委員会が開催され，具体的な検討の緒についた段階といえる。現在は，総務省主催の個人番号カード・公的個人認証サービス等の利活用推進の在り方に関する懇談会の制度検討サブワーキンググループにおいて検討が継続されている[31][32][77]。

検討されている日本のID連携トラストフレームワークの検討内容を米国と比較すると，以下の３点に特徴がみうけられる。

①ID発行管理者が使用する認証トークンとして，個人番号カードを中心に検討が進んでいる点である。米国では，民間ID発行のIDを使用して，電子政府のサイトにログインすることから検討が進んでいる。日本の場合は逆の発想で，国が発行するIDであるマイナンバーを使用することをベースにして，民間事業者がサービス提供者として認証結果と情報を連携することから検討が進められている。

②「IDの本人確認の保証レベル」としては，「IDの付番・発行時の身元確認の保証レベル」と「ログイン時の当人確認の保証レベル」の二軸を用いて，2つの保証レベルのペアリングを用いることが検討されている。
③日本のマイナンバー制度の認証機能は民間企業での活用も検討されているので，民間企業の事業者同士でのID連携することが想定されている。そのために，ID発行管理者とサービス提供者の信頼関係構築の要件として，「IDの本人確認の保証レベル」に加えて，事業者のプライバシーおよび個人情報保護の信頼レベルを表す「信頼レベル」が追加されている。

6.3 ID連携トラストフレームワーク構築の課題と解決策

本節では，日本におけるID連携トラストフレームワーク構築の課題を明確化し，課題の解決策について提案する。

6.3.1 ID連携トラストフレームワーク構築に必要な信頼関係

ID連携トラストフレームワークは，システム提供者の中のID発行管理者とサービス提供者，およびシステム利用者の3者から構成される。この構成者の間で信頼関係を構築することが，ID連携トラストフレームワーク構築の基本となる。

信頼関係の構築のためには，誰が（信頼元），誰を（信頼先）信頼するために，どういう要件を満たしていればよいのかを明確にし，要件を満たしていることを第三者が保証していることが必要となる。そして，システム提供者の中のID発行管理者とサービス提供者，およびシステム利用者の3者の視点からみた必要な信頼関係をまとめることが肝要である。

以下に，筆者の考える信頼関係構築のために必要となる信頼要件と要件実

表6.2 ID発行管理者視点からみた信頼要件と要件実現の具体策

信頼元	信頼先	信頼要件	要件実現の具体策
ID発行管理者	システム利用者	認証要求をしてくるシステム利用者が本人であること	身元確認と当人確認の保証レベルの基準策定，監査制度確立，監査結果の公開
	サービス提供者	情報提供する先のサービス提供者が，情報提供しても大丈夫な信頼できる事業者であること	プライバシー保護及び個人情報保護の観点から信頼できる事業者であることの確認，公開

現の具体的策を示す。

①ID発行管理者視点での信頼関係

ID発行管理者にとっての信頼関係構築のためには，システムを利用する者がなりすましでなくシステム利用者本人であることが必要であり，加えて，個人情報を提供する相手であるサービス提供者が信頼できる事業者であることの保証が必要となる。表6.2に，ID発行管理者視点からみた信頼要件と要件実現のための具体策を示す。

②サービス提供者視点での信頼関係

サービス提供者にとっての信頼関係構築のためには，ID発行管理者から連携されてくるシステムを利用する者がなりすましでなくシステム利用者本人であることが必要であり，加えて，個人情報の提供元であるID発行管理者が信頼できる事業者であることであることの保証が必要となる。表6.3に，サービス提供者視点からみた信頼要件と要件実現のための具体策を示す。

③システム利用者視点での信頼関係

システム利用者にとっての信頼関係構築のためには，個人情報を提供する先のID発行管理者が信頼できる事業者であることが必要であり，加え

表6.3　サービス提供者視点からみた信頼要件と要件実現の具体策

信頼元	信頼先	信頼要件	要件実現の具体策
サービス提供者	システム利用者	ID 発行管理者から連携されるシステム利用者が本人であること	身元確認と当人確認の保証レベルの基準策定，監査制度確立，監査結果の公開
	ID 発行管理者	情報提供元の ID 発行管理者が，信頼できる事業者であること	プライバシー保護及び個人情報保護の観点から信頼できる事業者であることの確認，公開

て，利用するサービスを提供するサービス提供者が信頼できる事業者であることの保証が必要となる。さらには，関連するシステム提供者全体の中で，システム利用者が自己情報を把握，統制できる状態にあることが必要となる。表6.4に，システム利用者視点からみた信頼要件と要件実現のための具体策を示す。

そして，この①から③の信頼関係を，第三者の統制機能によって，そのフレームワークの範囲において保証する仕組みを構築することがID 連携トラストフレームワーク構築の基本である。

6.3.2　日本のID 連携トラストフレームワーク構築の課題

6.3.1項で示したID 連携トラストフレームワーク構築に必要な信頼関係の内容について，「ID 連携トラストフレームワーク活用した官民連携の在り方に関する調査研究（平成27年度）[59]」をベースにして，日本での検討状況を確認してみる。まず，表6.2と表6.3に示したシステム提供者視点からみた信頼実現の具体策は，6.2.3項で示したように保証レベルと信頼レベルの基準策定の検討が進んでおり，具体化が進められているといえる。しかし，表

表6.4　システム利用者視点からみた信頼要件と要件実現の具体策

信頼元	信頼先		信頼要件	要件実現の具体策
システム利用者	システム提供者	共通 （システム提供者全体）	個人情報を提供する先において，個人情報を自己情報コントロールできる環境であること	・個人情報が情報連携において，いつ，どこで，どういう目的で利用されているかを把握でき，かつ統制可能であることの確保 ・ID 発行管理者とサービス提供者を自分で選択できることの確保 ・情報連携で使用する ID を自分で選択できることの確保
		ID 発行管理者	個人情報を預ける ID 発行管理者が信頼できる事業者であること	・プライバシー保護及び個人情報保護の観点から信頼できる事業者であることの確認，公開 ・個人情報活用において権力を持ち過ぎていないこと，および過去に個人情報に関する不正利用のない事業者であることの確認，公開
		サービス提供者	利用したいサービスを提供するサービス提供者が信頼できる事業者であること	。プライバシー保護及び個人情報保護の観点から信頼できる事業者であることの確認，公開 ・システム利用者が要求するサービスを提供している事業者であることの確認，公開

6.4に示したシステム利用者視点からみた信頼要件の実現策についての検討は緒についたばかりであり，具体的な方式はほとんど示されていない。経済産業省発表の「トラストフレームワークを用いた個人番号の利活用推進のための方策[31]」においても，システム利用者が安心して個人情報を提供できない課題への対応の必要性が記述されている。だが，具体的な実現策は今後の検討という状態にある。そこで本節では，6.3.1③で示したシステム利用者視点での信頼要件を実現するために解決しなければ課題を，以下の3つの視点から整理し，解決策について考察する。

①システム利用者のID発行管理者への信頼関係の不安の課題

　システム利用者は，情報システムやICT，法制度ついて素人である。システム利用者に対して，信頼できる機関がID発行管理者の信頼度を客観的に評価して情報提供する仕組みが必要である。特に重要となるのは，システム利用者にとって直感的に理解しやすくする工夫である。ID発行管理者の信頼度を直感的かつ客観的に判断できる仕組みがない現状では，ID連携トラストフレームワークはシステム利用者から信用されず，現実的に利用されない絵に描いた餅となってしまう。

②システム利用者のサービス提供者への信頼関係の不安の課題

　現在の情報社会では，多くの偽サイトの存在が社会問題となっている。システム利用者対して，信頼できる機関がサービス提供者サイトの信頼度を客観的に評価して情報提供する仕組みが必要である。そしてその仕組みは，ID発行管理者と同様に，システム利用者にとって直感的に理解しやすい仕組みでなくてはならない。

③自己情報コントロールへの不安の課題

　プライバシー保護に必要な自己情報コントロールの確立のためには，システム提供者内のID連携環境において，いつ，どこで，どういった目的で自分の個人情報を使用しているのかを把握できる仕組み作りが必要である。そして，問題を認識した場合には，訂正や利用停止など自己情報を統制できる仕組みが必要となる。現在の日本のID連携トラストフレームワークの検討では，ログインアカウントとして個人番号カードの使用と自己情報コントロール対応策としてのマイナポータルの検討が先行している。

システム利用者が利用するサービスによって，ログインアカウントとして個人番号カードの使用だけではなく，保証レベルの異なる民間企業のログインアカウントを使用可能とすることが必要である。そのことによって，システム利用者は，自己情報が国の監視下にあるという不安を払拭できるだけでなく，自分のIDとそれに紐づく情報を自分でコントロールできるという安心につなげることができる。

これらの3つの視点からみた課題を解決することによって，システム利用者が安心して使える便利な仕組みを構築することが可能となる。

6.3.3 日本のID連携トラストフレームワーク構築課題の解決策

日本のID連携トラストフレームワーク構築では，システム利用者視点での信頼関係構築に必要な仕組みについて，具体的な検討は始まったばかりの段階にある。ID連携トラストフレームワークの構築にとって，6.3.2項で示したシステム利用者視点からみた3つの課題を解決することは，最優先課題と考えられる。そこで，以下にこの3つの課題に対する具体的解決策を提案する。

(1) 信頼要件1：システム利用者がID発行管理者を信頼するための要件

「システム利用者が，ID発行管理者に対して安心して個人情報を提供できる」ことを保証するための要件であり，以下に示す仕組み作りを提案する。

①ID 発行管理者のセキュリティに関する信頼度を公開する仕組み

ID 発行管理者が，プライバシー保護及び個人情報保護[9][78]の観点から信頼できる事業者であることを，公開情報を利用して確認できる仕組みの構築が必要である。具体的には，ID 連携トラストフレームワーク検討委員会で検討されている信頼レベルの基準に沿った監査の実施，監査結果をシステム利用者に対してわかりやすく知り得る状態での公開する仕組みの構築である。その仕組みには，すでに運用されているＰマーク制度（プライバシーマーク制度）や ISMS 制度（情報セキュリティマネジメントシステム適合性評価制度）と，マイナンバー制度の中で具体化が開始された PIA（Privacy Impact Assessment）[79]を加えるなど，事業者の信頼度を評価し公開する仕組みの導入が必要と考える。さらに，これらの評価内容は非常に専門的な内容でシステム利用者には理解し難いものであるため，これらの評価内容をシステム利用者にとって理解しやすくする。正しく信頼度を評価できる情報に整理し，公開する仕組みを作る。そして，システムの素人であるシステム利用者に対しては，ある程度直感的に理解できる仕組みとする。それらのことが必要である。その実現のためには，たとえば図6.6に示すようなレーダーチャートを使ったわかりやすい情報公開などの仕組みを構築すべきである。

②ID 発行管理者の事業者としての信用度を公開する仕組み

ID 発行管理者の事業者としての事業内容，財務状況，法令順守状況などを，公開情報を利用して確認できる仕組みの構築が必要である。加えて，ID 発行管理者が，個人情報の活用に対して強力な権力を持たないこと，過去に個人情報の活用に関して事故や問題を起こしていない事業者であることを誰でもが容易に知りうる環境の構築が必要である。その仕組みの実現のためには，帝国データバンクや東京商工リサーチなどの調査会社による企業信用情報，四季報による投資情報，飲食店の口コミ評価情報，旅行会社のホテルや旅館評価のような業界での評価情報などを加味した情報の公開

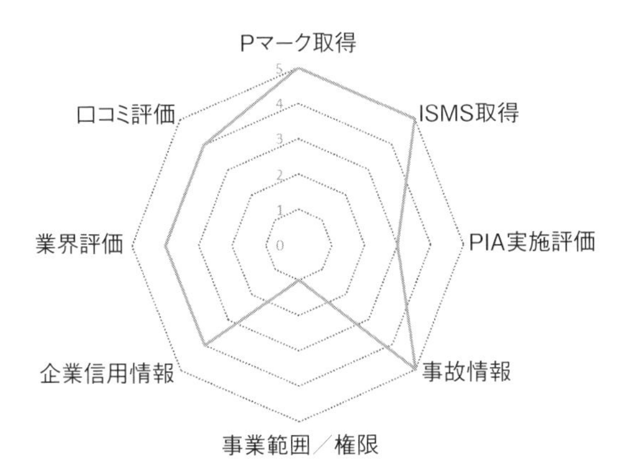

図6.6 ID 発行管理者の信頼度・信用度評価
レーダーチャートのイメージ

が有効であると考える。しかし，これらの情報を全て加味することは膨大な情報量になってしまうため，システム利用者が容易に理解可能で，かつ事業者の信用度を判断できるよう情報を整理し，公開することが必要である。その実現のためには，①の信頼度評価の情報と合わせて図6.6に示すようなレーダーチャートを使った情報公開の仕組みなどを構築すべきである。

（2） 信頼要件２：システム利用者がサービス提供者を信頼するための要件

「システム利用者が，サービス提供者が提供するサービスを安心して利用できる」ことを保証するための要件であり，以下に示す仕組み作りを提案する。

①サービス提供者のセキュリティに関する信頼度を公開する仕組み

サービス提供者が，プライバシー保護及び個人情報保護の観点から信頼できる事業者であることを，公開情報を利用して確認できる仕組みの構築が必要となる。その実現には，信頼要件１の①と同様に，システム利用者が直感的に理解しやすい仕組み作りが有効である。

②サービス提供者の事業者としての信用度を公開する仕組み

サービス提供者の事業者としての事業内容，財務状況，法令順守状況などを，公開情報を利用して確認できる仕組みの構築が必要となる。特に，提供しているサービス内容と事業内容のマッチングや，サービス内容にふさわしい信用できる財務状況の企業であるか否かなどを判断するための情報公開をする仕組みの構築が必要である。その実現には，信頼要件１の②と同様の仕組み作りが有効である。

（３） 信頼要件３：システム利用者がシステム提供者全体を信頼するための要件

「システム利用者が，システム提供者全体の中で自己情報コントロールを実現できる」ことを保証するための要件であり，以下に示す仕組み作りを提案する。

①自己情報を把握し統制する仕組み

ID 連携トラストフレームワークの中で，自分の ID とそれに紐づいた個人情報が，いつ，どこで，誰に，どういう目的に使われているのかを知り得る仕組みの構築が必要である。そして，使用されている自分の ID と個人情報に対して，訂正や利用停止などの統制ができる仕組みの構築が必要である。日本の ID 連携トラストフレームワークの検討では，個人情報保護法と番号法に則り，マイナポータルという自己情報コントロールの仕組みを構築して対応することが計画されている。ただ，マイナポータルはマイナンバーに関連した範囲でのみ検討されている。マイナポータルで検討されているような仕組みを，範囲を広げて民間企業のログインアカウントを含めた幅広い仕組みを作ることが必要である。

②ID 発行管理者を選択できる仕組み

ID 連携トラストフレームワークの中で，自分が利用したいログインアカウントを複数の選択肢の中から，自分で選択できる仕組みの構築が必要である。現在の日本の ID 連携トラストフレームワークの検討では，公的個人認証を使用した個人番号カードのみの検討が先行している。業務が要求する信頼度要求レベルの低い当人確認においては，公的個人認証を使用せずに民間企業の発行するログインアカウントも使用できる仕組みを作ることが肝要である[80]。この仕組みを実現することによって，民間企業の参加数も増え，システム利用者の利便性が向上し，ID 連携トラストフレームワークの普及が進むこととなる。

ログインアカウントを選択するということは，ID 発行管理者を選択とするということを意味する。その選択の仕組みは，システム利用者に対して，図6.6のイメージ図に示したような直感的に選択の判断ができる仕組みに加えて，プルダウンメニューのような形式で一覧の中から容易に ID 発行管理者を選択できる便利な仕組み作りが必要である。

③サービス提供者を選択できる仕組み

ID 連携トラストフレームワークの中では，自分が利用したいサービス提供者を複数の選択肢の中から，自分で選択できる仕組みの構築が必要である。その際には，②と同様にシステム利用者に対して，図6.6のイメージ図に示したようなある程度直感的に選択の判断ができる仕組みと，プルダウンメニューのような形式で一覧の中から容易にサービス提供者を選択できる仕組み作りが必要である。

以上の3つの信頼要件の実現に必要となる具体的な仕組みを構築することが，システム利用者も含めた信頼関係の構築につながり，システム利用者からみて，提供されたシステムを安心して利用できる環境が整うことになると考える。

6.4　まとめと課題

―効率的な情報連携の実現のための，ID 連携トラストフレームワークの実現―

本章では，「効率的な情報連携の実現」の課題解決の有効な仕組みであるID 連携トラストフレームワークについて考察した。現在検討中のID 連携トラストフレームワークの仕組みに，6.3.3項で提案した以下の3つのシステム利用者からみた信頼要件実現の仕組みを加えることで，現実的に実用化可能なID 連携トラストフレームワークの構築が可能となる。

①システム利用者が，ID 発行管理者に対して安心して個人情報を提供できる仕組み
②システム利用者が，サービス提供者のシステムを安心して利用できる仕組み
③システム利用者が，システム提供者のシステム内で自己情報コントロールができる仕組み

ID 連携トラストフレームワークが構築されれば，ID 連携実現の際に事業者間で行っていた確認，調整，契約の作業を第三者が肩代わりすることが可能となり，事業者の時間とコストを大幅に削減することができる。

本章での提案内容の実現が，2.2節で示した事業者間での煩雑な事務手続きに要する時間とコストを削減し，「効率的な情報連携の実現」の課題解決の有効な手段となる。本章で提案した解決策は，構築すべき仕組みに必要な機能の大枠である。今後は，仕組みの詳細な検討が必要となる。加えて，実用化のためには，業界の業務特性を考慮した業界ごとのID 連携トラストフレームワークの枠組みの検討などが必要となる。

第7章 超ID社会とは

現実世界のIdentityと
サイバー空間のIdentityを
自らが確立することができる
「超ID社会」の実現が重要であり，
その実現にはID使用に
秩序を持たせることが必須である。

本章では，「安心安全で便利なID社会基盤」構築のために重要となる4つのポイントをまとめる。そして，「積極的な情報活用」と「プライバシー保護の確立」が両立した「超ID社会」の実現を提案する。「超ID社会」とは，自己情報コントロール権を確立することによって「現実世界のIdentity」と「サイバー空間のIdentity」を自ら確立できる社会であり，「秩序を持ってIDを使用し，情報活用を行う社会」である。

7.1　安心安全で便利なID社会基盤の実現

IDを使用して大量の情報を活用する情報社会，すなわちID社会では，「プライバシー保護の確立」と「効率的な情報連携の実現」の両立は必須である。本書では，この両立のための社会基盤作りを「安心安全で便利なID社会基盤」構築として考察した。IDを使用した情報利活用の視点から，構築のための課題を明確にし，解決策について考察し，提案を行い，提案の有効性の検証を行った。課題解決策のポイントは，以下の4点である。

①IDに関連する用語を明確に定義し，統一する。

そのことが，IDに関連する用語が多義的に使用されていることから発生する「プライバシー保護の確立」の課題解決の第一歩となる。現状の情報技術分野では，さまざまな意味でIDという用語が使用されており，それらを総合的に整理したものは見当たらない。また，IDの使用に深くかかわる本人確認の用語についても定まった定義はない状態である。本書では，用語の使用方法の現状を包括的に整理したうえで，システム提供者とシステム利用者の双方にとって理解しやすいように，用語の定義を行った。

②用語の定義に沿って，IDを分類し，その分類ごとにID使用ガイドランを

作成する。

このガイドラインの実行により，IDの多義的な使用とIDの数の増大から発生する「プライバシー保護の確立」の課題を解決する。文献[34][35][36][48][49][51]にあるように，認証におけるログインIDとパスワードの使用に関する個別のガイドラインは存在するが，IDを俯瞰的にみたID使用ガイドラインは見当たらない。本書では，使用されるID全体を俯瞰したID使用ガイドラインについて整理し，提案を行った。

③マイナンバー制度の有効活用によって，IDの数の増大に一定の歯止めをかける。

文献[26][28][81]にあるように，プライバシー侵害の観点から現状のマイナンバー制度の課題が指摘されている。本書では，プライバシー侵害に関する現状のマイナンバー制度の課題を明確化し，その課題の解決策を提示し，さらにマイナンバー制度の有効活用策を提案した。

④「効率的な情報連携の実現」の課題に対しては，ID連携トラストフレームワークの構築を実用化する。

ID連携トラストフレームワークは，総務省，経済産業省を中心に検討が進められているが[30][31][32]，実用化のためにはシステム利用者から信頼されることが必要不可欠である。本書では，システム利用者の視点からみた信頼要件の仕組みについて提案した。

上述の①，②，③の提案の実行により，IDを使用した情報活用における「プライバシー保護の確立」の課題解決を行い，④によりIDエコシステムを実現し，迅速で低コストなIDを使用した情報連携システムを構築することができる。同時に，マイナンバー制度の有効活用によって，個人番号カードの普及も加速させることが可能となる。

本書では，以上4つのポイントについて，国内外の動向調査や先行研究を行い考察し，課題解決策を提案した。これらの提案を情報技術と法制度の整

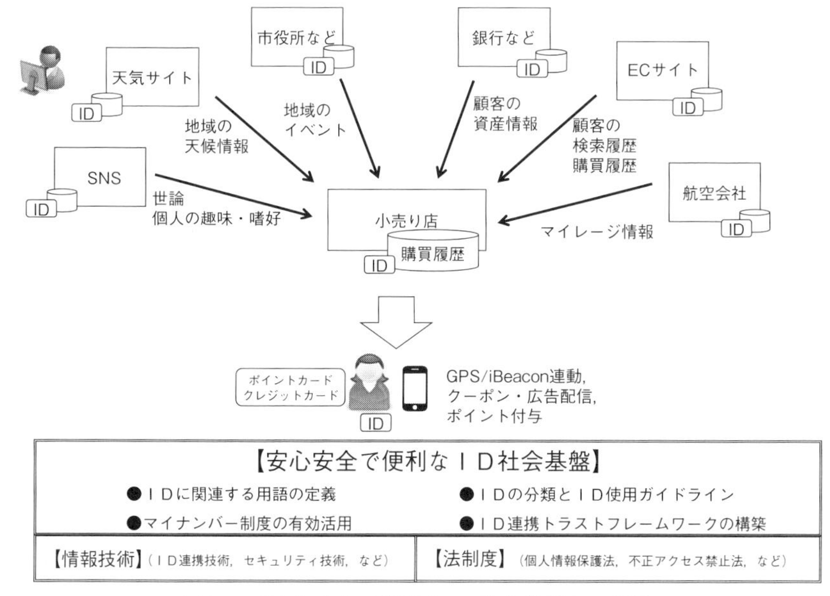

図7.1　「安心安全で便利な ID 社会基盤」の構築

備と協調させることによって，「安心安全で便利な ID 社会基盤」の構築が可能になると考える。図7.1は，「安心安全で便利な ID 社会基盤」の構築のイメージを表現した図である。すなわち，情報技術の進歩と法制度の整備を礎として，そのうえに情報技術と法制度だけでは解決できない課題を解決するための ID 社会基盤を構築することである。「安心安全で便利な ID 社会基盤」の構築は，ビッグデータ，IoT，AI 時代を迎えた今，喫緊の重要テーマである。

本書では，ID に関連する用語の定義を行い，それに沿った ID の体系的な分類と ID 使用ガイドラインの作成を行った。今後は業界の特殊性を意識した業界ごとのより詳細なガイドライン作成，および業界内での普及啓蒙活動をいかに実現していくかが研究課題となる。そして，作成した ID 使用ガイドラインは，ID 使用の全体を俯瞰した総合的な ID 使用ガイドラインとして，国の政策と連携して周知徹底をする必要があると考える。たとえば，2015年に改正された個人情報保護法に追加された個人識別符号の明確化には，本書で提案した識別子の分類と情報連携におけるID使用ガイドラインの適用が有効であると考える（詳細は，付録「コラム（その3）」を参照していただきたい）。今後の研究では，より具体的な適用方法について検討していきたい。

また，昨今の教育現場で情報に関する教育強化の必要性が強く叫ばれる状況において，学校教育活動の中で，IDの持つ意味や使用方法をプライバシー保護や情報倫理の重要性と合わせて教育していくことも重要な課題と考える。加えて，情報技術分野の専門書やガイドライン等において，現在はIDという用語が多種多様に使用されているが，用語の統一は必要不可欠であり，ぜひ実現したい課題である。しかし，これらの実現のためには，政府関係者，企業人，学者など多くの人々の理解と協力が必要であり，関係者の協力を得たかたちで具体的なガイドライン作りと周知活動を行う必要がある。

マイナンバー制度の有効活用については，すでにマイナンバーの利活用が実際に行われている中で，現状の利活用を推進しながら並行してマイナンバー制度の抱える課題を解決する必要がある。そのためには，官民を含めた検討も必要となる。

ID連携トラストフレームの実用化については，本書で仕組み作りの大枠を提案したが，今後はフレームワーク構築のためのコスト負担を誰がするのか，フレームワークに参加する事業者の動機づけの検討など，企業を巻き込んだ具体的な実現に向けた検討を行っていく必要がある。

7.2　望まれる「超ID社会」の実現

本書で追及してきたのは，「積極的な情報活用」と平衡した「プライバシー保護の確立」を実現したID社会である。最も大切なことは，自分のIDと

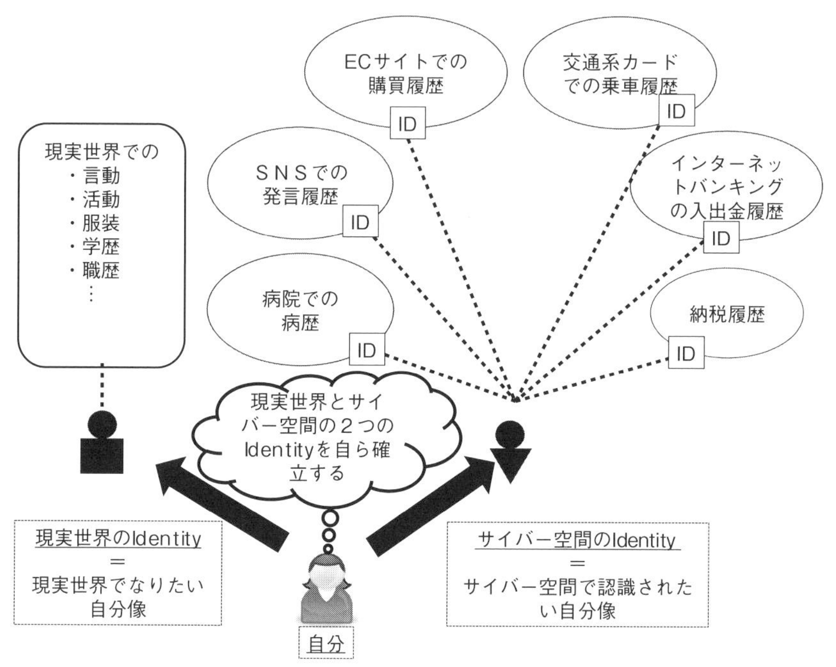

図7. 2　「超 ID 社会」：望まれる２つ Identity の確立

紐づいた情報を自らコントロール（自己情報コントロール）することによって，自分が自分らしく生きることを追求する権利を確保することである。言い換えると，図7. 2に示すような，現実世界とサイバー空間の両方で自己情報コントロール権を確保することによって，自分に関する２つの自分像を自ら確立することである。すなわち，現実世界とサイバー空間の両方で２つの Identity（本質的自己規定）を自ら確立することが望まれる。この確立こそが，現在の混乱した ID 社会を超える「超 ID 社会」の望まれる姿である。

そして，その実現のためには，本書で提案したように，明確な ID の用語の定義と，その定義に従った ID 使用ガイドラインに則って，システム利用者とシステム提供者の両者が，ID と紐づく情報を正しく使用することが必須である。それによって，図7. 3に示すように混乱する ID 使用に秩序が生

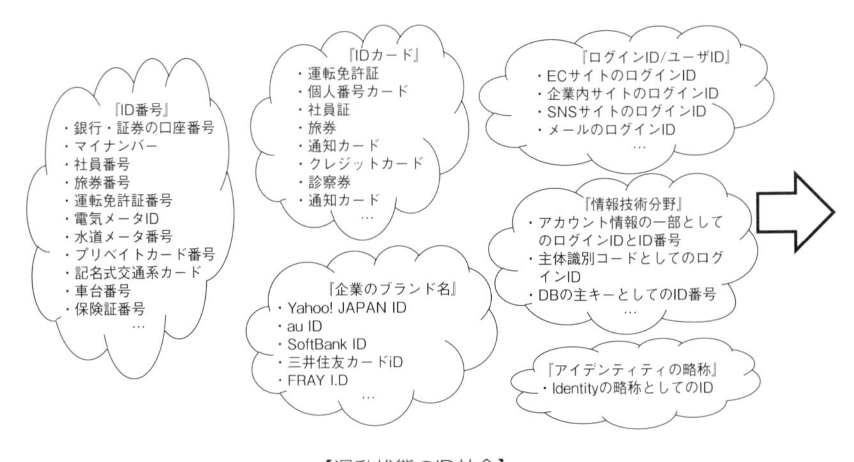

図7.3　ID 使用ガイドラインによって

まれる。さらに「効率的な情報連携の実現」と合わせて，発展を続ける情報技術と関連する法制度と組み合わせることによって，真に豊かな情報社会が実現できることになるであろう。

※付録に，本文中で考察した「ID」に関する「用語の定義」，「分類」，「使用ガイドライン」，「マイナンバー制度の見直し・改善策」の研究結果をまとめた。さらに，付録中の3つのコラム欄では，日常生活で実際に使用するIDの分類方法について，具体的なIDとパスワードの使用方法について，考慮すべきポイントについてまとめている。実社会で発生しているIDとパスワードを使用した多くの不正アクセス問題等の解決策につながるはずである。加えて，個人情報保護法における「個人識別符号のグレーゾーン問題」の解決策についても言及した。本書を読み終えた後，全体の要約として，実社会との対比で理解を深めるための参考資料として，ぜひ参照していただきたい。

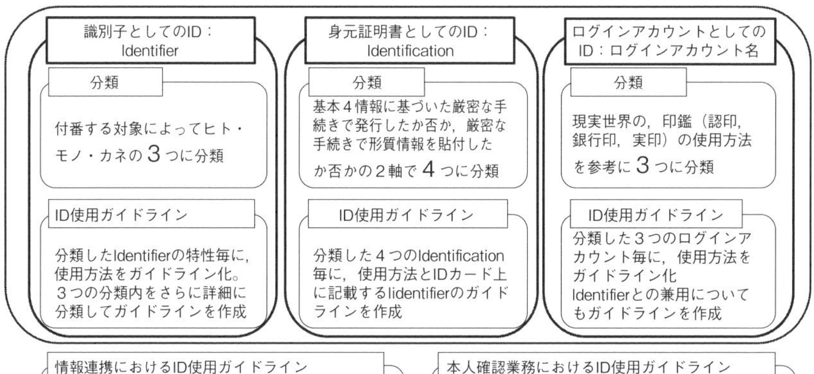

実現される秩序あるID社会のイメージ

コラム

（1）「ID」の用語の定義（6つのID）

用語	用語の定義
識別子としてのID (Identifier)	ヒト・モノ・カネのあらゆる個体を識別するために付番される識別子，あるいは，識別符号のこと。
身元証明書としてのID (Identification)	そのヒトが本人であることを証明するための身元証明書のこと。
ログインアカウントとしてのID (ログインアカウント名)	主体認証における識別コードのことであり，知識認証で使用するクレデンシャル情報の一部としてパスワードとペアで使用されるログインアカウント名のこと。
デジタルアイデンティティの略称としてのID (Digital Identity)	電子認証やID管理，ID連携で使用するアカウントを識別するためのIDのことであり，その中には前述のログインアカウント名とIdentifierが包含されている。
本質的自己規定の略称としてのID (Identity)	「自分は何者であるか，私がほかならぬこの私であるその核心とは何か」というような本質的な自己規定のこと。情報技術分野とは無関係な用語として定義し使用する。
企業のブランド名の一部として使用されるID (ブランド名の一部)	「Yahoo! JAPAN ID，SoftBank ID，au ID，三井住友カードiD」のような企業が提供するIDの総称もしくはサービス名の一部のこと。

（2）「本人確認」の用語の定義（4つの本人確認）

用語	用語の定義
身元確認	厳密な手続きで発行された身元証明書（Identification）の記載内容と，確認すべきヒトの持つ情報を比較して，そのヒトが本人であることを確認すること。
当人確認	確認すべきヒトしか知りえない情報（例：ログインアカウント名とパスワードの組合わせ）や，持ちえない情報（例：IDカードや生体情報）を確認して，そのヒトが本人であることを確認すること。 「認証」という用語も曖昧に使用されるケースが多いが，「認証＝当人確認」と定義することによって，認証という用語の定義を明確化することを提案する。
真正性の確認	そのヒトが提示したIdentifierと属性情報を使用して，Identifierがそのヒトに付番されたIdentifierであるかを確認すること。
属性情報確認	そのヒトに付番されたIdentifierを使用して，そのヒトの属性情報を確認すること。

（3）「識別子としてのID（Identifier）」の分類

①「識別子としてのID（Identifier）」の大分類

付番対象	例
ヒト	Webメールのメールアドレス，社員番号， 学籍番号，金融機関の口座番号，マイナンバー
モノ	保険会社の証券番号，運転免許証番号，旅券番号， 携帯電話番号，スマートメータ製造番号，鍵番号
カネ	無記名式交通系カード番号，紙幣番号，商品券番号， 記名式交通系カード番号

② ヒトIDの分類（中分類）

身元確認の 厳密度	例
身元確認なし	小売店舗の会員証に記載の番号， Webメールのメールアドレス
簡易的な 身元確認あり	マイレージ番号，社員番号，学籍番号， 病院の診察券番号，金融機関の口座番号， クレジットカード番号，メールアドレス
厳密な身元確認あり	マイナンバー， 住民票コード

③ モノIDの分類（中分類）

ヒトIDとの連携	例
連携前提	運転免許証番号，保険会社の証券番号， 旅券番号，資格証明書の券面番号
連携可能	MACアドレス，携帯電話番号， スマートメータ製造番号
非連携前提	部品に付番された製造番号
禁連携	鍵の製造番号

④ カネIDの分類（中分類）

	流通性あり	流通性なし
共有性あり	無記名式交通系カード番号	ポイントカードの管理番号， ゴルフ練習場のプリペイドカード番号
共有性なし	紙幣番号，商品券番号	記名式交通系カード番号

コラム（その1）

そのID（Identifier）は何に対して付番されているのか？

本書では，識別子としてのID（Identifier）を，何を管理するために付番しているのかによって，その管理対象ごとにヒト・モノ・カネの3つに分類している。そして，そのIDに紐づく情報の特性やID発行方法によって使い方を明確化し，使い分けることを提案している。しかし，実社会では，システム提供者による情報システムの業務設計・システム設計の現場において，システム利用者には全く関係のない，かつ目に触れることもないところで，さまざまな情報や状態を管理するために多くのIDが付番され使用されている。これらのシステム利用者の目に触れないIDを含めて，IDの分類を明確にすることは難しい作業である。本書の研究内容を実社会へ適用する際の補足として，以下に実社会における識別子としてのID（Identifier）の分類を理解するためのポイントをまとめたので参考にしていただきたい。

①ヒトIDとモノIDの分類について

・ヒトIDとはヒトを特定し管理するのための識別子であり，モノIDとはモノを特定し管理するのための識別子である。

・モノを遺失し，モノを再作成・再発行した際に変更になるIDはモノIDである（例）旅券番号，運転免許証番号。しかし，モノのコピーが作成され，そのコピーであるモノに対して，同じモノIDが付番されるケースもある（例）鍵番号。

・一つのモノに対して，一つの組織から複数のモノIDが付番される場合もある（例）書籍に付番される日本書籍コード（バーコード）。

・高度情報化社会を迎え，物理的なモノだけでなく，ネット上の電子的なモノにもモノIDは付番されている。典型は，2009年に実施された株券電子化である。以前は，株券という物理的なモノに対して株券番号が付番され，その株券の券面にはその株券を所有するヒトの氏名が記載され管理されていた。現在は，株券は電子化され，電子的なモノとなりそのモノにIDが付番され，電子的に管理されている。同様に，ネット保険会社の発行する保険証の電子化も進んできている（例）ネット保険会社の発行する電子保険証券番号，電子化された株券番号。

・ヒトが他界した後は無効になるIDは，ヒトIDである（例）マイナンバー，健康保険証番号。

・一人のヒトに対して，一つの組織から複数のヒトIDが付番される場合もある（例）銀行の口座番号。

・ヒトIDは，そのヒトが他界した後は無効になるケースが多いが，例外的に他界後も使用が継続される場合もある（例）銀行の口座番号。

・最初からヒトを特定する情報やヒトIDと紐づくことが前提のモノIDは，紐づく情報の特性やヒトIDの特性を意識した使い方をしなければならない（例）旅券番号，運転免許証番号。

・身元証明書として使用できるIDカード上に記載されている識別子としてのIDには，ヒトID(個人番号カード上に記載されているマイナンバー）とモノID（旅券上に記載されている旅券番号，運転免許証上に記載されている運転免許証番号）があるため，特に取り扱いに注意が必要である。個人情報保護法における定義では，モノIDである旅券番号や運転免許証番号も，ヒトIDであるマイナンバーと同じ個人識別符号として取り扱われる。

②モノIDとカネIDの分類について

・カネIDは，カネを特定し管理するための識別子であるが，あくまでもカネもモノの一つであり，モノIDの一部として捉える必要がある。

・本文中では，カネを特定し管理する識別子としてのカネIDを，流通性と共有性で分類を行っている。この2つの特性によって，システム提供者とシステム利用者が，IDの扱い方や管理方法を区別する必要があるからである。たとえば，無記名式交通系カードは，流通性と共有性を備えたカネIDでありモノIDである。そのカードを記名式のカードに変更した瞬間から流通性と共有性は持たず，かつヒトIDと連携前提（ヒトを特定できる情報と連携することを含む）のカネIDでありモノIDとなる。

・銀行の口座番号は，カネIDではないのか？　本書の定義では，カネIDはモノIDの一部としている。そのため，モノの特定のために付番されていない銀行の口座番号はヒトIDとして扱うべきと考える。では，カネの管理と深くかかわるモノIDである証券番号や保険証番号はカネIDではないのか？　これらのIDは，本文中には例として挙げていないが，記名式交通系カードと同様に流通性と共有性を持たないカネIDでありモノIDである。

・今後は，銀行の預金通帳も電子化が進んでいくこととなる。その際には，口座番号とは別に通帳番号というカネID兼モノIDを付番すべきであろう。もしくは，証券会社の口座番号のように一人のヒトに対して付番する口座番号は，銀行内や銀行支店内では一つに限定したヒトIDの概念を導入することが必要と考える。

③メールアドレスという特殊なIDについて

・メールアドレスは，ヒトIDの一つであるが，最初からメールサービスへのログインアカウント名を兼ねることを前提に設計された特殊なIDである。

・メールアドレスは，頻繁に多数の人に対してオープンにして晒すことを前提とする特殊なヒトIDであり，かつ，メールサービスへのログインアカウント名を兼ねるIDである。そして，インターネットにおける多くのサービスの誕生，発展の歴史と相まって，本来はある特定のメールサービスのログインアカウント名を兼ねるヒトIDであったはずのIDが，その便利さからさまざまな別のサービスへのログインアカウント名やヒトIDとして使用されることが一般的となってしまった（例）Amazonのログインアカウント名としての，他社のメールサービスのメールアドレスの使用。

このIDの兼用は，賢明なID使用方法とは言えないが，インターネット普及の過程で多くのサービスで，日常的に使用されてきている。この使用方法が広まることの誤解によって，学籍番号や社員番号，銀行口座番号といったヒトIDまでもが，大学や企業での業務的なサイトのログインアカウント名として普通に兼用され使用されてしまっているという状況が発生している。学籍番号や社員番号，銀行口座番号といったヒトIDは，他者から聞かれた場合にあまり躊躇せずにオープンにするIDである。本来は，そういった多くの人の目に晒すことになるヒトIDを，業務的なサイトへのログインアカウント名と兼用するということは，当人確認のセキュリティレベルを下げるだけではなく，リスト型攻撃による不正利用の温床となってしまう。実際に，そのことに起因する多くのセキュリティ被害が多く発生している。本書のID使用ガイドラインで示したように，現在のID社会においては，ログインアカウント名とヒトIDの兼用について，見直すことが必要である。その際には，メールサービスのログインアカウント名は特殊なIDとして認識し，例外的なIDとして扱う必要がある（詳細は，「コラム（その3）」を参照していただきたい)。システム利用者は，最低でもメールサービスのログイン時に使用しているパスワードについて，他サイトでの兼用は避けなければならない。

④ヒトID・モノID・カネID以外のIDについて

・本書では，システム利用者が意識する必要のないIDについては考察の対象外としている。システム提供者が開発する情報システムの中でのみで使用する，情報の管理や状態の管理のために付番するIDがある。たとえば，オブジェクト指向開発におけるオブジェクトIDや，ER図における実体を表すIDなどである。この例のように実際の情報システム開発の現場においては，ヒト・モノ・カネ以外にさまざまなIDが数多く付番され使用されていることも付け加えておく。しかし，これらのID使用においても，本書のIDの分類とID使用ガイドラインとの関係を考慮したうえで，業務設計・システム設計を行っていただきたい。

（4）「識別子としてのID（Identifier）」のID使用ガイドライン

項番	ID使用ガイドライン
①	システム提供者は，付番・発行するID（Identifier），もしくは付番・発行され取り扱うID（Identifier）が，ヒト・モノ・カネの何に対して付番されているのかを明確に意識したうえで，制度設計や業務設計，システム設計を行わなければならない。たとえば，取り扱うID（Identifier）がヒトIDであり，かつ個人を特定できるID（Identifier）であった場合は，そのID（Identifier）は個人情報保護の対象となり，法令に則った厳密な取り扱いを行う設計が必要となる。
②	システム提供者は，ヒトIDを取り扱う場合，付番時の身元確認の厳密度による分類と特性を意識した設計を行わなければならない。たとえば，「厳密な身元確認あり」のレベルで付番されたヒトIDを扱うシステムの業務設計やシステム設計では，「身元確認なし」や「簡易的な身元確認あり」のレベルで付番されたヒトIDを扱う場合よりも，より慎重に情報セキュリティを意識した設計活動が必要となる。
③	システム提供者は，モノIDを取り扱う場合，ヒトIDとの連携の可能性によってモノIDをモノIDの分類表に示した4つに分類し，特徴を意識した設計を行わなければならない。たとえば，モノIDが連携前提の運転免許証番号や保険会社の証券番号である場合，そのモノを紛失した時にモノIDによって個人を特定できる場合は，モノIDとはいえ個人情報紛失と同じ扱いを前提に業務設計を行う必要がある。
④	システム提供者は，カネIDを取り扱う場合，カネの流通性と共通性を考慮した設計を行わなければならない。その分類と特徴によって，ヒトIDとの連携方法などを配慮した設計が必要となる。
⑤	システム利用者は，情報システムの専門家ではないため，全てのID（Identifier）の特徴を完全に理解して管理することは難しい。しかし，自分に付番されたヒトIDの身元確認の厳密度を意識して，「厳密な身元確認あり」のヒトIDは大切に管理するなど，IDの特徴を意識してIDの管理を行う必要がある。

（5）「情報連携」における ID 使用ガイドライン

項番	ID 使用ガイドライン
①	複数サイト間での ID（Identifier）の安易な共通化や兼用はしない。
②	ID（Identifier）を使った情報連携をする場合は，おのおののサイトでの情報取得時の利用目的を確認し，連携先に連携された情報の利用が，連携元の情報の目的外利用にあたらないよう配慮をしなければならない。
③	モノ ID やカネ ID をヒト ID と連携をする場合は，本人同意の取得を前提とする。特に個人を特定できるヒト ID との連携時には，必ず本人同意を得ることとする。
④	特筆すべきは，ヒト ID と連携してはいけないモノ ID の存在である。鍵の製造番号のようにヒト ID と連携され住所や氏名が判別されると，社会的影響の大きいモノ ID がある。ヒト ID との連携を禁止する取り扱いを業界ごとにガイドラインを作成することとする。

（6）「身元証明書としての ID（Identification）」の分類

（注）「ID カード」の分類と同義

	厳密な発行手続きで発行	曖昧な発行手続きで発行
厳密な手続きでの 形質情報の 貼付あり	【厳密度が高い】 運転免許証 旅券 個人番号カード 運転経歴証明書	【厳密度が中程度】 社員証 学生証 など
厳密な手続きでの 形質情報の 貼付なし	【厳密度が中程度】 各種健康保険証 各種年金手帳 母子手帳 など	【厳密度が低い】 ~~会員証~~（身元証明書扱い不可） ~~診察券~~（身元証明書扱い不可） など

※厳密度の低い ID カードは，身元証明書として使用することはできない。
（表中は，取り消し線で表示）

（7）「身元証明書としてのID（Identification）」のID使用ガイドライン

（注）「IDカード」のID使用ガイドラインと同義

発行手続き，形質情報貼付の厳密度	ID使用ガイドライン
厳密度の高い身元証明書	厳密度の高い身元証明書に記載するID（Identifier）は，「個人を特定するヒトID」ではなく，「券面を管理するためのモノID」に統一する必要がある。そうすることにより，身元確認時に身元証明書上に記載されるID（Identifier）を相手に提示したとしてもプライバシー侵害のリスクを低減することができる。
厳密度が中程度の身元証明書	厳密度が中程度の身元証明書の券面上に記載するヒトIDは，ヒトIDの使用目的と使用範囲を限定的にする必要がある。
厳密度が低いIDカード	厳密度が低いIDカードは，身元証明書として取り扱うことはできない。
全てのIDカード	IDカードは，その使用目的によって利用者が常時携帯するIDカードもあれば，頻繁に他者に提示するIDカードもある。そのIDカードの使用目的と使用範囲によって，以下のID使用ガイドラインが必要となる。 ①常時携帯することになるIDカードには，当人確認の信頼度要求レベルの中・高位な業務（4.3.1項参照）で使用するログインアカウント名を記載してはならない。常時携帯するということは，一定の確率で紛失や盗難のリスクを伴うことになるからである。 ②常時携帯することになるIDカードには，広範囲の業務で使用し，かつむやみに他者に提示してはいけない大切なID（Identifier）も記載してはならない。 ③頻繁に他者に提示する必要のあるIDカードには，当人確認の信頼度要求レベルの高位な業務で使用するログインアカウント名を記載してはならない。盗み見や不正コピーをされてしまうリスクを伴うことになるからである。 ④頻繁に他者に提示する必要のあるIDカードには，広範囲の業務で使用し，かつむやみに他者に提示してはいけない大切なID（Identifier）も記載してはならない。 （注）ログインアカウント名として兼用されるヒトIDであるメールアドレスについては，特別なID使用ガイドラインが必要である。「コラム（その3）」で詳説しているので参照していただきたい。

（8）「ログインアカウントとしてのID」の分類

当人確認のレベル	例
【認印レベル】 信頼度要求レベルが低位な業務での当人確認	Yahoo! JAPAN，Googleのような検索サイトや，twitterのようなSNSサイトなど参照系サイトで使用するログインアカウント名。
【銀行印レベル】 信頼度要求レベルが中位な業務での当人確認	オンラインバンキングやオンライントレードのようなECサイトで使用するログインアカウント名。
【実印レベル】 信頼度要求レベルが高位な業務での当人確認	士業で医療情報などの要配慮情報を扱うサイトや大量の個人情報を扱うサイトの当人確認で使用するIDカード。

（9）「ログインアカウントとしてのID」のID使用ガイドライン

項番	ID使用ガイドライン
①	4.2.2（4）でも示したように，当人確認の信頼度保証レベルの中高位な業務で使用するログインアカウント名は，常時携帯するIDカードや他者に頻繁に提示するIDカードに記載してはならない。さらに，間接的なログインアカウント名漏洩を防止するため，以下のID使用ガイドラインを追加する。 ・ログインアカウント名には，常時携帯するIDカードに記載されているID（Identifier）を使用しない。 ・ログインアカウント名には，銀行口座番号のような他者に提示することの多いID（Identifier）を兼用しない（メールアドレスは例外である。メールアドレスの取り扱いは，「コラム（その3）」に詳説したので参照していただきたい）。 ・ログインアカウント名とシステム提供者内部管理用ID（たとえば，データベース設計の主キーであるIdentifier）との兼用をしない。
②	複数サイトでのログインアカウント名の兼用はできるだけ避ける。特に，業務が要求する信頼度保証レベルが中・高位な業務で使用するログインアカウント名の兼用はしてはならない。兼用する場合でも，業務が要求する信頼度保証レベルが異なるサイト間では兼用はしてはならない。
③	業務が要求する当人確認の信頼度保証レベルが低位なサイトでは，IDカードを使用した所有物認証は行わない。そうしないとシステム利用者が所有物を大切に管理する意識が低くなってしまうからである。そして，システム利用者は所有物認証で使用するIDカードは大切に管理しなければならない。

(10)「本人確認業務」におけるIDの分類

本人確認業務	必要となるID			
	説明	Identifier	Identification	ログインアカウント名
身元確認	身元証明書であるIDカード(Identification)と，その券面に記載される券面管理番号であるID(Identifier)。	○ (モノID)	○	×
当人確認	クレデンシャル情報の一部としてパスワードとペアで使用されるログインアカウント名，および所有物認証の所有物としてのIDカード。	×	△(注) (身元証明書ではないIDカードも使用可)	○
真正性の確認	業務の執行に必要となるID(Identifier)。	○ (ヒトID)	×	×
属性情報確認	属性情報を検索・確認するために使用するID(Identifier)。	○ (ヒトID)	×	×

(注)当人確認においてIDカードを使用する場合は，業務が要求する信頼度要求レベルが高位な当人確認業務に限定する。

(11)「本人確認業務」におけるID使用ガイドライン

本人確認業務	ID使用ガイドライン
身元確認	身元確認業務で使用する身元証明書（Identification）上に記載するID（Identifier）は，ID（Identifier）の分類とID使用ガイドラインに則ってID使用を行う必要がある。特に厳密度の高い身元証明書（Identification）に記載するID（Identifier）は，その身元証明書（identification）をいつ誰に渡したかを管理するための券面管理番号（Identifier）を基本とする。その券面上にヒトIDを記載する場合は，記載するヒトIDの特性を十分考慮しなければならない。
当人確認	当人確認業務で使用するログインアカウント名は，他者にできるだけ知られないように業務設計やシステム設計をしなければならない。ただし，メールアドレスは例外である。メールアドレスの取り扱い方法については，「コラム（その3）」で詳説しているので参照していただきたい。また，システム利用者は自分のログインアカウント名を，その使用目的を意識した管理をしなければならない。具体的には，前述の「ログインアカウントとしてのID」のID使用ガイドラインに従ってID使用を行う必要がある。 当人確認業務の所有物認証にIDカード（Identifier記載のカード）を使用する場合は，業務が要求する信頼度要求レベルが高位な当人確認業務に限定する。そして，システム利用者はその所有物の管理を大切に行う必要がある。
真正性確認	真正性の確認業務で使用するID（Identifier）は，異なるサイトでの安易な共通化や兼用は避ける。もしも共通化や兼用する場合は，ID（Identifier）の共通化や兼用の範囲は限定的にする。具体的には，ヒトIDとログインアカウントの使用ガイドライン等に従ってID使用を行う必要がある。 また，ID（Identifier）とログインアカウント名との兼用も避ける。さらに，付番時の身元確認の厳密度が高いID（Identifier）は，個人情報保護法に従い個人識別符号としての慎重な取り扱いが必要となる。
属性情報確認	属性情報確認業務で使用するID（Identifier）は，上記の真正性の確認業務で使用するID（Identifier）と同様の取り扱いが必要となる。

コラム（その２）

実社会の「当人確認（認証）」における「ログインアカウントとパスワード」の使用方法は？

当人確認とは，本文中で定義したように，確認すべきヒトしか知りえない情報（例：ログインアカウント名とパスワードの組合わせ）や，持ちえない情報（例：ID カードや生体情報）を確認して，そのヒトが最初に情報の登録を行った本人であることを確認することである。

そして，当人確認で要求される信頼度は，業務（およびサービス）によって要求レベルがまちまちである。たとえば，家を購入する際の当人確認の信頼度要求レベルと，EC サイトでボールペンを購入する際の当人確認の信頼度要求レベルは必然的に異なってくる。さらに重要なことは，「業務が要求する当人確認の信頼度要求レベルに合わせて，当人確認のやり方を変える必要がある」ということである。現実の実社会に置き換えて考えてみるとその必要性は明確である。家を購入する際の当人確認では，役所に行って印鑑証明書を取得し，実印を契約書に押印する必要がある。EC サイトでボールペンを購入する際に同様の当人確認作業を行うことは，システム利用者にとっても，システム提供者にとっても煩わしいばかりであり，誰も使用しない EC サイトとなってしまう。かといって，EC サイトのログインアカウント名とパスワードを使用した当人確認のみで家の売買が成立してしまうとすると，考えただけでぞっとする。このように，当人確認のやり方は，業務が要求する当人確認の信頼度要求レベルに合わせて変えることが必須なのである。実印は箪笥の奥深くにしまっておいて，大切に管理し，むやみに他者に提示しないことが必要である。2019年７月１日に某流通系企業が開始したスマホ決済で発生した不正アクセス事件[4]は，まさに業務が要求する当人確認の信頼度のレベルに対して，企業がシステム開発したログインアカウント名とパスワードを使用した当人確認の仕組みのレベルのアンマッチによって発生した事件である。業務が要求する当人確認の信頼度要求レベルに対して，企業が開発したシステムの当人確認の仕組みのレベルが低すぎたことに起因している。

さて，本文中では，IDの使用に焦点を当て，使用方法の整理を行っている。本文中での誤解を避けるために，当人確認においてログインアカウントとペアで使用するパスワードについての記述はあえて割愛している。しかし，実社会における当人確認では，「ログインアカウントとパスワードのペア」で当人確認の信頼度を保証し，多くのケースで当人確認を実施している。そこで，本書では「ログインアカウントとパスワードのペア」を「クレデンシャル情報」と呼び，この「コラム（その2）」では，当人確認における，クレデンシャル情報の使用方法について整理する。

関連する文献「オンライン手続におけるリスク評価及び電子署名・認証ガイドライン[48]」や「ID連携トラストフレームワークの検討[30][59]」を参考にすると，以下の表に示すように，当人確認の信頼度要求レベルを4つに分類し，信頼度を保証するために必要となるクレデンシャル情報の使用方法の検討が行われている。その検討の中では，当人確認の異なる信頼度要求レベルを保証するために，「クレデンシャル情報（ログインアカウントとパスワードのペアなど）を発行する時の身元確認の厳密度」と「発行されたクレデンシャル情報が真似されないための複雑度」の2つの要素を組み合わせることを推奨している。概要をまとめると以下の表（文献［30］［48］［59］を参考にして，筆者が加筆修正）となる。

表　現在推奨されている当人確認の信頼度要求レベルの分類

業務が要求する当人確認の信頼度要求レベル	クレデンシャル情報発行時の身元確認の厳密度（厳密度）	クレデンシャル情報が真似されないための複雑度（複雑度）	例
1 （低い）	身元確認不要 （Webサイトより発行。又は，電子メール送付など）	・簡易なログインアカウント名を使用 ・パスワード（6桁以上）を使用	SNSが提供する無料サイトや旅行案内，グルメサイトなど
2 （中程度）	信用ある機関の登録情報の確認 （登録住所への郵送など）	・複雑なログインアカウント名を使用 ・複雑なパスワード（8桁以上）を使用 　加えて，ワンタイムパスワード機器使用などを使用（多段階認証）	金融機関サイトでの決済，社会保障サービスの手続きなど
3 （高い）	公的身元証明書の確認 （電子メール送信と郵送を併用など）	・ログインアカウントとして多要素認証を使用 ・複雑なパスワードを使用 ※多要素認証とは，知識認証，所有物認証，生体認証から2つ以上を組み合わせて行う認証	特許手続き，大規模な政府調達など
4 （かなり高い）	公的身元証明書の確認を対面で行う （手渡し，本人限定郵便など）	・ログインアカウントとして耐タンパ性が確保されたハードウェアトークンを含めた多要素認証を使用 ・複雑なパスワードを使用	司法当局による犯罪歴データベースアクセス，国家機密情報の取り扱いなど

本書では，実社会の印鑑を使用した当人確認業務に合わせて，当人確認の信頼度要求レベルを「認印レベル，銀行印レベル，実印レベル」の３つに分類している。３つの分類に合わせた筆者からの当人確認とクレデンシャル情報の使用方法の提案は以下の表となる。

表　本書で提案する当人確認とクレデンシャル情報の使用方法

業務が要求する当人確認の信頼度要求レベル	クレデンシャル情報発行時の身元確認の厳密度（厳密度）	クレデンシャル情報が真似されないための複雑度（複雑度）	例
【認印レベル】信頼度要求レベルが低位な業務での当人確認	身元確認不要 （Webサイトより発行。又は，電子メール送付など）	・ログインアカウント名を使用 ・パスワードを使用 ※サイトの内容によって，ログインアカウント名とパスワードの複雑度を使い分ける	SNSが提供する無料サイトや旅行案内，グルメサイトなど
【銀行印レベル】信頼度要求レベルが中位な業務での当人確認	公的身元証明書の確認 （電子メール送信と郵送を併用など）	・複雑なログインアカウント名＋複雑なパスワードを使用 ・加えて，多段階認証を使用 もしくは， ・ログインアカウントとして多要素認証を使用	金融機関サイトでの決済，社会保障サービスの手続きなど
【実印レベル】信頼度要求レベルが高位な業務での当人確認	公的身元証明書の確認を対面で行う （手渡し，本人限定郵便など）	・ログインアカウントとして耐タンパ性が確保されたハードウェアトークンを含めた多要素認証を使用 ＋複雑なパスワードを使用	実印を使用して行うレベルの業務

実社会においては，全ての業務が厳密に上記の３つのレベルに分類できる訳ではない。たとえば，認印レベルや銀行印レベルの当人確認業務にもさまざまな業務があり，求められる当人確認の信頼度要求レベルはまちまちである。実際には業務の及ぼす影響度やリスク，使い勝手を十分に考慮して，業務ごとに業務が要求する当人確認の信頼度要求レベルに合ったクレデンシャル情報の厳密度と複雑度について，適切な対応を検討することが肝要である。上記の表は，検討する際の最初の基準として，参考にしていただきたい。たとえば，同じ決済サービスでも，決済額の上限額が５万円と100万円では信頼度要求レベルは異なる。その業務が求める信頼度要求レベルによって，多段階認証としてセキュリティーコードを使用するか，ワンタイムパスワードを使用するかなどの詳細を検討し，当人確認の手段を決定しなければならない。

【追記】ガイドラインの改正（2019年２月）について

本書は，筆者が2018年９月末に専修大学大学院経営学研究科に提出した博士学位論文の内容をベースにして書籍化を行っている（2019年３月22日に博士（情報管理）の学位を取得)。博士学位論文提出から，本書の2020年２月の出版までには約１年半の時間が経過してしまっている。博士学位論文執筆の際に参考にした2008年９月12日各府省情報化統括責任者（CIO）連絡会議発行の「オンライン手続におけるリスク評価及び電子署名・認証ガイドライン[48]」は，2019年２月25日に「行政手続におけるオンラインによる本人確認の手法に関するガイドライン[101]」として改正され，博士学位論文執筆時に参考にした文献[48]は廃止となってしまった。その主な改正内容は，「以前のガイドライン[48]にはなかった当人確認という言葉が追加され，改正されていること」と「以前のガイドライン[48]では業務が要求する当人確認の信頼度要求レベルを４つに分類していたが，今回の改正ガイドライン[101]では３つの分類に修正していること」の２点である。つまり，本書とは具体的な用語の表現方法に差異はあるが，内容としては，本書での提案内容と全く同様の内容への改正が行われていることが確認できる。３つの分類へ修正した理由は，米国政府が定めた「連邦政府の情報および情報システムに対するセキュリティ分類規格（連邦情報処理規格 FIPS199)」を参考にしたためと書かれているが，その分類は，まさに筆者が提案してきた日本の実社会における印鑑の運用を参考にした分類（表4.5）に合致した現実的なガイドラインと同様の内容であり，2019年の改正で修正されていることを付け加えておく。

さて，この整理に従って，マイナンバー制度で導入された個人番号カードの使用方法を検証してみたい。現行のマイナンバー制度では，身元証明書として使用できる個人番号カードを，電子政府や民間企業のサイトにおけるログインカウント（所有物認証のIDカード）として広く使用することを前提とし，計画している。しかし，本書でまとめた研究結果から検証すると，個人番号カードをログインアカウントとして使用した当人確認の業務は，実印レベルの当人確認に絞るべきであることが明確になる。電子政府が用意するさまざまなサイトの当人確認では，信頼度要求レベルが認印や銀行印レベルでよいものが数多く存在する。そういったサイトでの当人確認では，ログインアカウントとして個人番号カードではなく，別のログインアカウント名とパスワードの仕組みを用意することが，正しい業務設計，システム設計である。なぜなら，印鑑登録証と実印は，箪笥の奥にしまっておかなければならないからである。同様に，個人番号カードは他者にむやみに提示してはいけないマイナンバー（特定個人情報）が記載されている大切に管理しなければならないIDカードである。改めて言及するが，電子政府の推進に必要なIDは，識別子であるマイナンバーでも，身元証明書である個人番号カードでもない。業務が要求する信頼度要求レベルに合致した，当人確認に必要なIDである。本文中で述べたように，国民ID制度として，きちんと整理する必要がある。

今のままでは，日本の電子政府は，いくら業務が電子化され整備されたとしても，利用率の低い仕組みとなってしまうであろう。簡易な信頼度要求レベルの低い業務の電子政府のサイトのアクセスに，ログインアカウント名として個人番号カードを使用しパスワードを入力することは，煩わしいし，必要性がない。実印を使用して，ECサイトでボールペンを購入しろと言われているのと同じである。業務が要求する信頼度要求レベルに合わせた当人確認の仕組みを用意することが必要である。加えて，日本人は，旧共産主義国家のような，国によって個人のあらゆる情報が把握・管理された社会の構築を望んでいない，ということを強く意識すべきであろう。2019年11月時点での個人番号カード取得率が14.3%と伸び悩んでいる理由は「個人番号カードを使用して，利用することのできる便利なサービスの提供が少ない」ことではない。「個人番号カードを使用すれば，当人確認のレベルが上がるのでプライバシーが保護されます」と日本政府が説明している「個人番号カード」そのものに対して，国民がプライバシー侵害の懸念を持っていることを重大に受け止めて，本文中で述べたように現在のマイナンバー制度を見直し，改善することが必要である（具体的な見直し・改善策は，付録（12）を参照していただきたい）。プライバシー保護が確立された使いやすい仕組みの実現こそが，電子政府の利用拡大と生産性向上に直結し，人間中心の安心安全で便利な情報社会構築につながるはずである。

(12)　ID使用ガイドラインに則った「マイナンバー制度の見直し・改善策」

改善策	内容
3つの制度に分解した制度設計の見直し	マイナンバー制度を「税・社会保障の番号制度」,「身元証明書制度」,「電子政府推進のための国民ID制度」の3つに分解して，制度設計を見直す。
個人番号カードと通知カードの役割の見直し	個人番号カードにマイナンバーを記載することはやめて，個人番号カードには券面管理番号を付番し，それを記載したものを新たな個人番号カードとして再発行し，現在の個人番号カードは廃棄することを提案する。 そして，個人番号カード引き渡し時にも，通知カードは国民の手元に残す仕組みとし，マイナンバーの真正性の確認には通知カードに記載されたマイナンバーのみを使用可能とする。
マイナンバーの納税者番号としての使用方法の見直し	マイナンバーは，その導入の原点である「納税者番号である」ことを明確に意識して制度の再点検を行い，まずは納税業務に必要な本人確認業務の設計のみを行うことを提案する。 さらに，納税のために多くの番号利用事務実施者に対して，マイナンバーに加えて身元証明書のコピーを渡してしまう現在の制度設計を改め，米国のSSNVS（Social Security Number Verification System）のような仕組みを公共サイドが用意することを提案する。
マイナンバーの情報連携の見直し	個人番号カードにはマイナンバーの代わりに券面管理番号を記載することにしたうえで，そのモノIDである券面管理番号と，納税者番号などのヒトIDとの間の情報連携は，必要に応じて情報提供ネットワークを通して実現する。連携する範囲は，実現する制度目的を明確にしたうえで，OECDの8原則に従い，目的に沿った最低限の範囲にするよう再度点検すべきである。 また，モノIDとヒトIDの連携は，4.1.3項で示した情報連携におけるID使用ガイドラインに沿って行うこととする。
個人番号カードのログインアカウントとしての使用方法の見直し	新しく発行した個人番号カードは，電子政府のサイトにログインするための当人確認の一つの手段として，業務が要求する信頼度要求レベルが高い業務でのみ使用する。電子政府サイトの信頼度要求レベルの低い業務に対しては，民間企業発行のログインアカウント名もログインアカウントとして使用できる仕組みを追加する。

コラム（その３）

個人情報保護法における「個人識別符号のグレーゾーン」の解決策は？

2003年に成立した個人情報の保護に関する法律（個人情報保護法）は2015年９月に改正され，個人情報の定義をより明確にすることを目的として，個人識別符号という識別子を個人情報の一つとして定義し，新たに保護の対象として取り扱うことが追加された。個人識別符号とは，個人を特定することができる識別子のことであり，例として，マイナンバーや旅券番号(パスポート)，運転免許証番号などがあげられている。しかし，高木浩光の「IoTに対応した個人データ保護制度のあり方[54]」や新保史生の「個人情報保護法改正のポイントを学ぶ（５）目的・定義に関する規定[55]」の研究で指摘されているように，個人識別符号を導入したものの，その定義に曖昧性を残し，グレーゾーンの存在が指摘されている。たとえば，クレジットカード番号や携帯電話番号，メールアドレスなどは個人識別符号ではないとされているが，はたしてそうであろうか。せっかく個人情報のグレーゾーン解消のために追加した個人識別符号であるが，今度は「個人識別符号にグレーゾーンが残る」ことになってしまったのである。個人識別符号にグレーゾーンが残ってしまうと，どの識別子を個人情報として取り扱うべきか否かが不明確となり，その取り扱いの判断を識別子の使用者（システム提供者とシステム利用者）に委ねることになってしまう。すなわち，個人情報漏洩リスクは解消されないのである。

「個人識別符号のグレーゾーン」問題の解決策として，本文中で提案している識別子（Identifier）の定義・分類，およびその使用ガイドラインを活用した解決策を以下にまとめる。さらに，現状ではグレーゾーンとみなされているクレジットカード番号と携帯電話番号，メールアドレスを例にあげ，具体的な検証も行っていく。

①「クレジットカード番号」と「携帯電話番号」「メールアドレス」の現在の取り扱い

政府は2015年5月8日の衆議院内閣委員会において，クレジットカード番号と携帯電話番号，メールアドレスは，「現時点では一概に個人識別符号に該当するとは言えない」と答弁している[102]。

「個人情報の保護に関する法律についてのガイドライン（通則編）（案）に関する意見募集結果[103]」では，「クレジットカード番号と携帯電話番号は個人識別符号ではないのか？」という質問に対して，「単体として個人識別符号としては定めておりませんが，一般的に，氏名等の他の情報と関連付けて取り扱われているものと考えられ，その場合には，個人情報に該当するものと解されます。」と回答している。

つまり，「識別子の一つであるクレジットカード番号や携帯電話番号は個人識別符号ではないが，一般的には個人情報に該当する」という曖昧性を残した回答をしているのである。

改正された個人情報保護法では，個人を特定できる情報は個人情報であり，個人を特定できる識別子は個人識別符号であり個人情報である，と定義している。しかし，「一概には個人識別符号とは言えない識別子が，一般的には個人情報である」という曖昧性を残してしまったことによって，「個人識別符号のグレーゾーン」問題が発生しているのである。

②本文中の提案内容に基づいた「クレジットカード番号」に対する検証

本文中の提案では，クレジットカード番号は表4.1にあるように「簡易的な身元確認ありのヒトID」に分類される。

表4.1にある「厳密な身元確認ありのヒトID」は，個人を厳密に特定できる身元確認を実施したうえで付番・発行された識別子であるため，個人識別符号であるといえる。たとえば，マイナンバーや住民票コードがそれに当たる。「身元確認のないヒトID」は，個人を特定できないため，個人

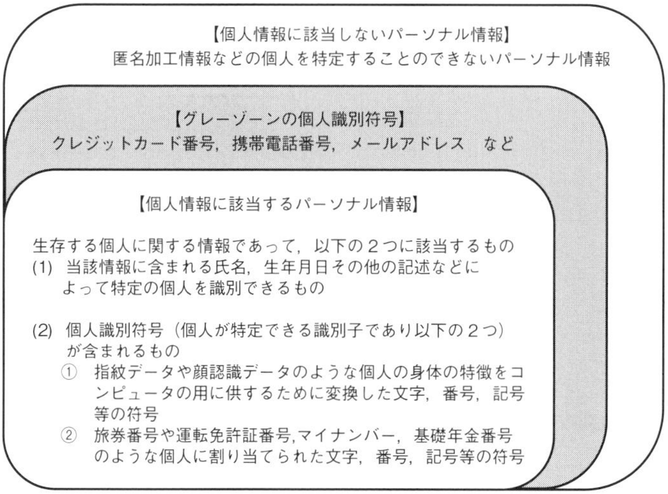

図　改正個人情報保護法における個人情報の定義とグレーゾーンの個人識別符号

（注）パーソナル情報とは，個人が特定できるか否かに関係しない人に関係する全ての情報のこと

識別符号の対象外となる。問題は，「簡易的な身元確認ありのヒトID」を個人識別符号として扱うか否かという議論となる。

筆者の提案としては，表4.1で示した「簡易的な身元確認ありのヒトID」を２つに分類する。なぜなら，「簡易的な身元確認ありのヒトID」の中には，身元確認の手続きの内容と方法の違いによって，個人を特定できる場合とできない場合が存在するからである。以下の図に示すように，手続きの内容と方法によって，ヒトIDは個人を特定することが可能な「簡易的な（個人を特定できる）身元確認ありのヒトID」と個人を特定することが不可能な「簡易的な（個人を特定できない）身元確認ありのヒトID」の２つに分類することが必要となる。ヒトIDを「簡易的な（個人を特定できる）身元確認ありのヒトID」とみなすための条件は２つある。１つは，身元確認の手続きに使用する情報の内容が個人を特定できる情報であること，もう1つはその身元確認の手続きが信頼できる厳密性の高い手続きであることである。この2つの条件の両方を満たす場合は，ヒトIDを「簡易的な（個人を特定できる）身元確認ありのヒトID」つまり個人識別符号とみなし，2つの条件を満たさない場合は「簡易的な（個人を特定できない）身元確認ありのヒトID」に分類する，つまり個人識別符号の対象外とすることを提案する。この分類作業を，曖昧性を残すことなく実現するためには，付番・発行時に，どういった情報を使用して，どういった手続きで身元確認を実施したら個人を特定できる身元確認とみなすことにするべきなのかを明確化しなければならない。その明確化はそれほど難しい作業ではないが，行政機関などとの連携が必須であり，明確化した内容は標準的なガイドラインとして作成することが必要である。これについては，今後の研究テーマとして取り組みたい。

この筆者の提案を基に検証してみると，クレジットカード番号の付番・発行時の身元確認は簡易的であるが，「簡易的な（個人を特定できる）身元確認ありのヒトID」であるといえる。クレジットカード番号は，氏名など個人を特定できる情報と連携せずに発行するケースはあり得ないし，クレジットカード会社の厳密な手続きによって付番・発行されている識別子である。そう考えると，クレジットカード番号は現時点においても，グレーゾーンの識別子ではなく，個人識別符号であるとみなすべきであろう。

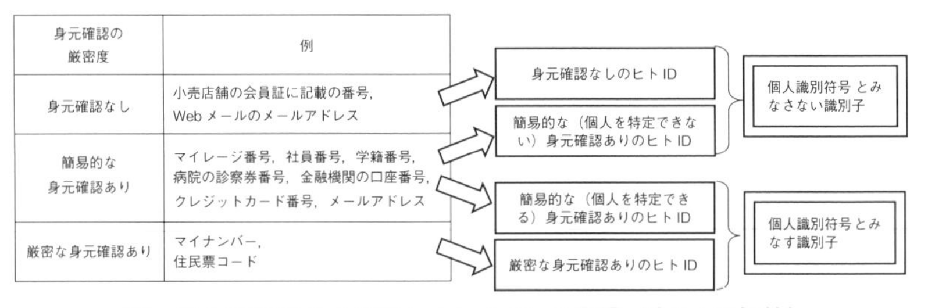

図　個人識別符号を意識したヒトIDの分類（表4.1に加筆）

③本文中の提案内容に基づいた「携帯電話番号」に対する検証

携帯電話番号は，ヒトIDであるクレジットカード番号とは異なり，携帯電話（実際には，その内部に挿入されている購入者情報を記載するSIMカードを指すが，以後携帯電話と表現する）に対して付番・発行されたモノIDである。

そして，誰かがその携帯電話の購入手続きをしたタイミングで，そのモノIDはヒトIDと連携されることとなる。本文中でも述べたが，ここでの「ヒトIDと連携する」という意味には，ID同士の連携だけでなく，モノIDに対して個人を特定できる情報を連携するという意味を含めている。

表4.2に示したように，携帯電話番号は,「ヒトIDと連携可能なモノID」に分類される。

表4.2のモノIDの分類の内,「ヒトIDとの連携を前提とするモノID」が，表4.1の「厳密な身元確認ありのヒトID」や「簡易的な（個人を特定できる）身元確認ありのヒトID」と連携する場合は，モノIDは個人識別符号とみなすべきである。たとえば，旅券番号や運転免許証番号などであり，実際に改正された個人情報保護法においても，これらは個人識別符号として規定されている。

表4.2のモノIDの分類の内,「ヒトIDと連携可能なモノID」が「厳密な身元確認ありのヒトID」や「簡易的な（個人を特定できる）身元確認ありのヒトID」と連携した瞬間から，そのモノIDも個人識別符号とみなすべきである。つまり，個人識別符号ではなかったモノIDは，個人を特定できるヒトIDや情報と連携された瞬間から個人識別符号としてみなされるモノIDとして取り扱う必要がある。この筆者の提案に基づいて検証してみると，携帯電話番号は，まさにこのケースに相当する。携帯電話番号は，購入手続き前は個人識別符号ではないが，購入手続き後は個人識別符号として扱わなければならないことが明確になる。

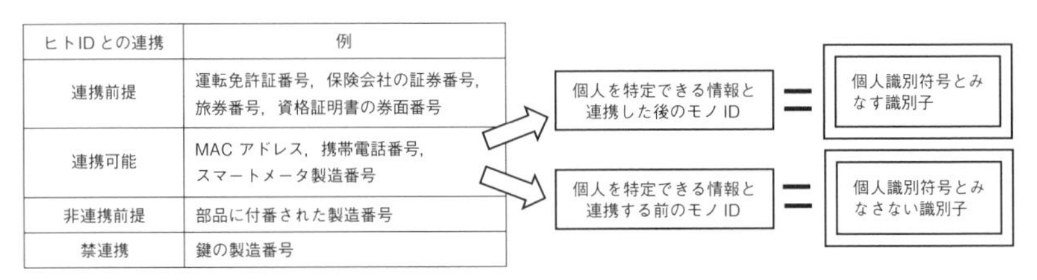

ヒトIDとの連携	例
連携前提	運転免許証番号，保険会社の証券番号，旅券番号，資格証明書の券面番号
連携可能	MAC アドレス，携帯電話番号，スマートメータ製造番号
非連携前提	部品に付番された製造番号
禁連携	鍵の製造番号

図　個人識別符号を意識したモノ ID の分類（表4. 2に加筆）

④本文中の提案内容に基づいた個人識別符号グレーゾーン問題の解決策の提案

「個人識別符号のグレーゾーン」問題の解決策として，２つの概念を導入することが重要であり，以下に提案する。

１つめの概念は，「識別子がヒト・モノ・カネの何に対して付番・発行されているのかを明確にすること」である。加えて，「明確にした識別子がヒト ID である場合には，付番・発行時の身元確認によって，そのヒト ID から個人が特定できるのかを明確にすること」である。つまり，「識別子の付番対象は何か」と「ヒト ID の身元確認は，どういった情報を使用して，どういった方法でどこまで厳密な手続きで行っているか」を明確化することである。この概念の導入がグレーゾーン問題解決の１つめの重要なポイントとなる。

２つめの概念は，「付番・発行後の ID（ヒト・モノ・カネの ID すべて）がどんな情報や ID と連携されているのかを明確にすること」である。さらに，その情報や ID の連携タイミングの前後を意識する必要がある。情報連携の内容とタイミングで，識別子が個人識別符号であるか否かが変わってくる。

つまり，個人識別符号グレーゾーン問題の解決策に「識別子の付番対象は何であり，付番時に身元確認をどこまで厳密に行ったか」と「識別子の情報連携の内容は何で，タイミングはいつか」の２つの概念を入れることを提案する。本文中で提案した ID の定義と分類に，この２つの概念を加えることによって，個人識別符号の分類が明確になり，個人識別符号のグレーゾーン問題を解決することが可能となる。

実際に，この提案に基づいて，現在個人識別符号のグレーゾーンとなっている「クレジットカード番号」，「携帯電話番号」，「メールアドレス」について検証してみる。

まず，クレジットカード番号は「簡易的な（個人を特定できる）身元確認ありのヒト ID」であり，個人識別符号とみなすべきであることが明確になる。携帯電話番号は，購入手続き前はヒト ID と連携していないモノ ID であり個人識別符号ではないが，購入手続き後の携帯電話番号は個人が特定される情報が連携されるため個人識別符号とみなすべきであることが明確になる。次に，メールアドレスについても検証してみる。メールアドレスはヒト ID であり，付番・発行時の身元確認の厳密度のレベルによって区別することで，個人識別符号であるメールアドレスと個人識別符号でないメールアドレスの 2 種類が存在することが明確になる。たとえば，Yahoo! JAPAN や Google などが発行するフリーの Web のメールサービスで提供されるメールアドレスは，身元確認のないヒト ID であり，個人識別符号ではない。一方，企業内で発行されるメールアドレスは，個人が特定できるメールアドレスであり個人識別符号とみなすべきである。表4.1 の例では，「身元確認のないヒト ID」の例として，あえて「Web メールのメールアドレス」をあげ頭語に「Web メールの」と記載しているのは，2 つの違った特性を持つメールアドレスを分類するためである。

以上のように，本文中で提案した内容に従い ID を定義・分類し，そこに 2 つの概念を加えることによって，「クレジットカード番号」，「携帯電話番号」，「メールアドレス」に対する個人識別符号のグレーゾーン問題を解決することができる。この提案の適用によって，識別子を個人識別符号とみなすか否かの基準が明確になる。クレジットカード番号や携帯電話番号，メールアドレスを「個人識別符号のグレーゾーン」としたままでは，せっかくの個人情報保護法がザル法になってしまいかねない。情報を活用してサービスを提供するシステム提供者からみても，個人識別符号が明確になった方が，情報活用を安心して積極的に行うことができる。

●「他者への提示に関する取り扱い」から，個人識別符号を考える「メールアドレス」という特殊なヒトIDのID使用ガイドラインを考える

個人識別符号という概念が，2015年9月に改正された個人情報保護法に新たに追加された。しかし，ひとくくりに個人識別符号といっても，実社会においては多くの識別子があるため，その取り扱いはさまざまである。「他者への提示に関する取り扱い」の違いからみると，個人識別符号は以下の3つに分類できる。

①法律で定められた他者にしか提示してはいけない個人識別符号
（例）マイナンバー（番号法で決められた個人番号利用事務実施者と個人番号関係事務実施者のみに提示が制限される）
②他者からの要求に対して，必要に応じて他者に提示する個人識別符号
（例）旅券番号，運転免許証番号，クレジットカード番号（本書での定義）
基礎年金番号，国家資格の登録番号，雇用保険の被保険者識別番号
携帯電話番号（本書での定義による，購入手続き完了後の携帯電話番号）
③他者に対して，自らが積極的に提示する個人識別符号
（例）所属する企業で発行されたメールアドレス（本書での定義）
個人を特定できる情報と連携された後のWebメールアドレス（本書での定義）

個人情報保護法では，個人識別符号はひとくくりとして取り扱いが規定さ

れている。しかし，実社会での個人識別符号の取り扱いは，上記の例のように符号の付番・発行の利用目的によって異なっている。個人識別符号の中にも，上記③のように他者に積極的に提示する特殊な符号が存在する。

このように「他者への提示に関する取り扱い」から個人識別符号を分類してみると，「コラム（その１）」で言及した上記③のメールアドレスと，上記①のマイナンバー（マイナンバー制度については「コラム（その２）」で言及した）の２つが，特殊な個人識別符号であることがわかる。この２つの個人識別符号は，上記②の一般的な個人識別符号とは異なった取り扱いが必要となる。

マイナンバーに関しては，個人情報保護法の中でも「特定個人情報」という特別な個人識別符号として定義されている。その取り扱いは，番号法の中で一般的な個人識別符号よりも厳しい条件で取り扱うことが規定されている。

メールアドレス（ここでは，本書での提案による個人識別符号とみなされるメールアドレス）に関しては，個人情報保護法の中での特別な規定はない。したがって，法律上は上記②の一般的な個人識別符号と同様に，個人情報保護法の取り扱い規定に従って取り扱わなければならい。しかし，メールアドレスは自らが積極的に他者に提示する個人識別符号であり，システム利用者の立場からみると，上記②の一般的な個人識別符号とは異なった取り扱いが行われている。一方で，「コラム（その１）」の③で言及したように実社会でのメールアドレスは，複数のサイトでのログインアカウント名として兼用されており，システム提供者の立場からみると，個人情報保護法に従って慎重に取り扱うべき識別子である。さらに，付番・発行時には個人識別符号ではなかったWebメールアドレスに着目すると，「コラム（その１）」の③で示したように他のECサイトなどにおいて兼用されることによって個人を特定できる情報と連携された場合や，Webメールサービス提供者が提供する新しいサービスを受けるために個人を特定できる情報と連携された場合は，その瞬間からWebメールアドレスを個人識別符号とみなし，個人情報保護法に従って慎重に取り扱うことが必要となるケースが発生している。

そして，システム利用者は，企業人でなくても同窓会名簿や自治会名簿，クラス名簿，部活動名簿などの情報の管理者になる機会も多く，その名簿の中に個人識別符号とみなされるメールアドレスが含まれることは日常茶飯事である。つまり，誰でもがメールアドレスが含まれる情報の個人情報取扱事業者（個人情報保護法に定められた個人情報を取り扱う事業者のこと）になる立場である。個人識別符号とみなされるメールアドレスは，システム利用者の立場からみると他者に積極的に提示する個人情報であるが，システム提供者や個人情報取扱事業者の立場からみると個人情報保護法に従って慎重に管理するべき個人情報なのである。このように，メールアドレスは特別な取り扱いが必要とされる識別子のヒトID（かつログインアカウント名）であり，一般的な個人識別符号と分離して，規定を作成することが必要なのである。たとえば，「個人が特定できるメールアドレスをログインアカウント名として使用する当人確認（認証）では，多段階認証を必須とする。つまり，システム利用者に多段階認証を使用しない選択権は与えず，システム提供者が必ず多段階認証を仕組みとして用意することを義務づける」などの規定を追加し，ガイドライン化することが必要である。個人が特定できないWebメールアドレスを使用した当人確認については，システム提供者が多段階認証の仕組みの用意はするが，その仕組みを使用するか否かはシステム利用者が選択できる仕組みとする。このような取り扱い規定を作成し徹底すれば，現在数多く発生しているリスト型攻撃の不正アクセスによる個人情報の漏洩問題もかなり解決することができる。

こういった規定を作成するためにも，本書で提案したIDの用語の定義，本人確認の用語の定義，IDの分類，ID使用ガイドラインの作成が必要となってくることがわかる。個人情報保護法では個人情報とみなされた識別子（＝個人識別符号）は，法律で決められた規定に従って取り扱わなければならない。しかし，識別子の取り扱いには，個人が特定できるか否か（＝個人識別符号であるか否か）という特性だけではないさまざまな要素の考慮が必要なのである。個人識別符号とみなされるべき識別子について，厳密な分類とその使用規定を作成するためには，本書で提案したように実社会で使用されているIDの全体像を俯瞰したうえで，幅広い視点で識別子の定義・分類を行い，識別子使用の取り扱い規定を検討することがのぞまれる。

おわりに

20××年初夏，自宅前の公園では蝉の大合唱が聞こえてくる，いつからだろうか，気温が毎日40度近くにもなり，スコールが頻繁に発生する，日本の夏の到来である。最近では，この気象環境にも少し慣れてきた気がする。私が生まれた昭和30年代の夏とは，比べようもない。瀬戸内海からの海風の中で，網戸にして蚊帳を張って就寝し，朝は蝉の鳴き声で目が覚める。冷房を使用しなくても，朝夕は涼しく，風鈴の音が涼しさを増して感じさせる。アナログ放送でNHK連続ドラマ「鳩子の海」を観てから，瀬戸内海沿いの海辺の道を歩いて登校する，海は碧く，空も青い……

東京に引っ越してから40年近くになるが，地球温暖化は進み，夏になると明け方でも気温は30度を軽く超えて，冷房なしで寝ることはできない。亜熱帯化した東京の朝，スマホの「ピロポッポッポッポー」という聞き慣れたデジタル音で目が覚める。スマホのアラームのスイッチを指で触って停止すると，スマホの画面上に「時刻6：30，室温28度，外温32度，天気晴れ，JR総武線人身事故の為10分遅れ，9：00にA社〇〇社長訪問予定，日経平均株価2万××××円，米＄為替レート×××円……」さまざまな情報が表示されている。確認ボタンを押下すると，それを契機に連動しているTVや家電製品が起動される。朝食をさっさとすませ，スマホで契約しているデジタル新聞を読み，必要な銀行への振込を行い，年金機構から届いている自分宛の年金定期便を確認し，友人からのメール，会社からのメール，SNSのフォローをする。忙しい時には，通勤途中の電車の中で鞄片手にスマホを操作する。片手操作もすっかり慣れ，板についたものだ。お昼休みには，やはりスマホで自分の保有する金融資産のポートフォーリオを確認する，今日は株価が高騰している，ランチを食べながら保有株売りの手続をすませる。以前から欲しかったアンティーク家具がネットオークションに出品されたので，ポイント還元率が一番高い楽○の ID を使って購入する。来週出張の新幹線の予約，再来週出張の航空券の予約，区役所への社会保障の申請手続，スマホを片手で簡単に実行する。汗をかいたので，家に帰ってすぐ風呂に入れるように，風呂の湯沸かしタイマーをスマホから設定する。

便利なデジタル社会になった，スマホから何でもできてしまう世界だ。最近は指操作でなくても音声でかなりのこともできるようになった。数年前まで，デジタル新聞，ネット銀行，区役所の電子行政サービス，EC サイト，航空会社，新幹線……など，そのサービスを利用するために，多くのサイトにいちいち ID とパスワードを使用してログインしなければならなかった。今では，基本的には２種類（本人確認を求められるサービスと求められないサービス）の ID を覚えておいて，使い分ければ良く，あるサイトに入ってこの２つの ID を使えば，ほとんどのサービスが利用できる。内緒だが，最近本人確認のためのチップを左手首に埋め込んだ。民間企業が提供するサービスだけでなく公共機関が提供するサービスまで，あらゆるサービスを利用することができる世界が実現されている。

マイナンバーと呼ばれる個人番号が導入されたのは2016年１月だっただろうか，当時は個人番号カードが盗難されたり，なりすまし問題が頻発したりと，プライバシー侵害の問題が騒がしかったが，その後プライバシー保護に関する法制度の整備と制度改善の仕組みが実現されたことにより，今では「安心して個人情報を預けて，よく使う自分の ID で，さまざまなサービスを利用する世界」が実現されている。ターミネーターの映画に怯え，GAFA（グーグル，アマゾン，フェイスブック，アップル）と GDPR（EU 一般データ保護規則）の係争を眺めながら，情報銀行とかいうバズワードに振り回されたのは過去のことか（夢の中 zzz…）。

2045年には人工知能は人間の脳を超えるシンギュラリティ（技術的特異点）に到達するといわれている。情報技術の発展によって，人間は多くの便益を享受できるようになった。情報技術の発展はとどまることがない，ムーアの法則と呼ばれたりドッグイヤーと呼ばれたり，凄まじい勢いで今後も発展していくこととなる。人間はコンピュータに凌駕されてしまうのであろうか。

人間が人間らしく生きるには，自分の情報は自分でコントロールし，自分の行動を自らの意思で行うことが基本であり，それこそが人間の幸福感の原点なのではないだろうか。そこが人工知能と人間の一番の違いなのだろう。高度情報化社会を迎える中で，今一度人間の幸福感について考え，人間中心の情報システムのあるべき姿について見直す必要があるのではないだろうか。私自身，社会人時代からこのテーマに対して ID 使用という視点から研究を行ってきた。本著は前著『完全解説　共通番号制度』，『マイナンバー法のすべて』に続く第３弾であるが，全ての著書に共通して基本としてきたことは，人間の本質的自己規定としての Identity を大切にすること，つまり自分で自分の情報をコントロールすることによって自分像を確立できる豊かな情報社会の実現である。情報社会の行き着く先が，人間にとって幸福で豊かな社会であることを願って筆をおきたい。

謝　辞

ビッグデータ・IoT・AI 時代を迎え，膨大な量の情報を活用してさまざまな情報システムが開発され，利用者はその情報システムを利用することによって多くの便利なサービスを享受している。筆者は，1986年に株式会社野村総合研究所というシンクタン系 IT 企業に就職して以来，約30年の間 IT 企業の立場から多くの企業情報システム開発の仕事に携わってきた。特にインターネットの普及後は，情報は企業の垣根を越え，国境を越えてグローバルに利活用される時代を迎えている。

しかし，インターネットに接続された情報システム利用の広がりは，便利なサービスの享受と裏腹にあるプライバシー侵害のリスク増大を伴うこととなる。幅広く情報活用をして新しいサービスを提供したい企業と，便利なサービスを享受したいが自己情報は自分でコントロールし，自分のプライバシーを保護したい利用者とのバランスをどうとっていくかが，真に豊かな情報社会を実現するための最重要課題となっている。筆者は，長らく IT 企業に所属し，情報システムを開発しサービスを提供する立場にいたが，その間常に気になっていたのが，「自己情報をコントロールしながら，便利な情報システムを安心して利用できる情報社会はどうあるべきか」というテーマであった。言いかえると「人間中心の情報システムのあり方」のテーマである。現代の情報社会では膨大な量の情報を活用するために，多くの ID が付番・発行され，その ID に情報を紐づけた情報システム開発が頻繁に行われている。そこで，筆者は ID の使用に焦点を当て，「ID 使用の視点からみた，人間中心の情報システムのあり方」について，社会人時代から研究活動を行い，情報関連の学会での研究発表や社会提言などを行ってきた。その一つが，マイナンバー制度のあるべき姿の提言活動である。

社会人時代から行ってきた学会活動や社会提言活動の中で，専修大学大学院経営学研究科大曽根匡教授，魚田勝臣専修大学名誉教授との運命的な出会いもあり，2016年４月に大曽根研究室の門をたたき，専修大学大学院経営学研究科後期博士課程での研究活動を始めることになった。「ID使用の視点からみた，人間中心の情報システムのあり方」について，筆者にとって第二の人生ともいえる大学での研究活動の始まりである。情報システム開発や情報社会での実務経験は豊富にあるものの，50代半ばという年齢もあり，慣れない研究活動は悪戦苦闘の日々であった。研究を遂行し研究論文，本書をまとめるに当たり，多くのご支援とご指導を賜りました，指導教官である大曽根匡教授には深く感謝の意を表します。

また，研究活動や学会活動において，いつも親身なアドバイスをいただき，激励とご指導をいただいた魚田勝臣専修大学名誉教授には，心から感謝いたします。

そして，研究活動の中で，貴重なお時間をさいて適切なご指導をいただいた専修大学経営学部関根純教授，専修大学経営学部渥美幸雄教授，中央大学大学院戦略経営研究科杉浦宣彦教授に深く感謝いたします。

大曽根研究室で一緒に研究活動を行ってきた福田浩至さん，ゼミ生の皆さん，本当にありがとうございました。皆さんと一緒に研究活動ができたことは，いつも私の心の励みになっていました。そして，大学院での研究成果を書籍化し出版するに当たり，多くの有益な助言をいただいた専修大学出版局の真下恵美子さん，本当にありがとうございました。

最後に，50代半ばからの研究活動と書籍出版へのチャレンジに対して，文句一つ言わず，温かく見守ってくれた家内と息子へ深い感謝の意を表して謝辞と致します。

参考文献

［1］「埼玉の高2自殺「ねっといじめがきっかけ」調査報告書」，朝日新聞 DIGITAL, 2018/05/15, 電子版, https://www.asahi.com/articles/ASL5H2FCWL5HUBQU005.html，（2018/06/11）。

［2］米IBM社,「IBM X-Force脅威インテリジェンス指標」, http://www.itmedia.co.jp/enterprise/articles/1704/03/news048.html，（2018/06/01）。

［3］NPO日本ネットワークセキュリティ協会，「2016年情報セキュリティインシデントに関する調査報告書」，http://ascii.jp/elem/000/001/535/1535428/，(2017/08/22)。

［4］「セブンペイ不正利用問題から学ぶこと」，日本経済新聞朝刊，2019/07/09。

［5］「個人データ乱用を規制　政府，IT大手に独禁法で　中小事業者保護へ新法も」，日本経済新聞朝刊，2019/04/18。

［6］「OpenIDファウンデーション・ジャパン」，http://www.openid.or.jp/，(2018/03/30)。

［7］下江達二，「アイデンティティ管理関連技術の進展と変遷」，人工知能学会誌，24巻4号，pp. 504–511。

［8］IDM研究会，「IDM　アイデンティティ・マネジメント入門」，静岡学術出版，2008。

［9］平松毅，「個人情報保護　―理論と運用」，有信堂，2009。

［10］総務省,「平成29年度版　情報通信白書」, http://www.soumu.go.jp/johotsusintokei/whitepaper/index.html，（2018/06/01）。

［11］日経コンピュータ，「CCCとヤフー，2015年4月から購買履歴とWeb履歴情報の相互提供を開始」，2015/03/18号。

［12］「楽天，上新電機とポイント提携　購買データで誘客策」，日本経済新聞。2015/09/07，電子版，https://www.nikkei.com/article/DGXLZO91422550X00C15A9MM8000/，（2018/09/01）。

［13］内山昇，「ID連携が開く新たなビジネス」，野村総合研究所，知的資産創造，2012年3月号，pp. 70–71。

［14］安岡寛道，「ビッグデータ時代のライフログ」，東洋経済新報社，2012。

［15］ 「トヨタ，IoT で車保険割引　安全運転なら安く，国内初」，日本経済新聞，2017/11/08，電子版，https://www.nikkei.com/article/DGXMZO23254880Y7A101C1TJ2000/，(2018/06/01)。
［16］ 桑津浩太郎，「2030年の IoT」，東洋経済新報社，2015。
［17］ 城田真琴，「パーソナルデータの衝撃」，ダイヤモンド社，2015。
［18］ 情報処理推進機構，「2016年度　情報セキュリティの脅威に対する意識調査」，https://jp.globalsign.com/blog/2017/id_password_ipa_awareness_survey.html，(2018/06/01)。
［19］ 伊藤智久，安岡寛道，「生活者と事業者の ID 情報活用の実態と課題　ID 情報の活用による経営のスマート化に向けて」，野村総合研究所，知的資産創造，2012年 6 月号，pp. 4 -17。
［20］ 情報処理推進機構，「オンライン本人認証方式の実態調査報告書」，https://www.ipa.go.jp/files/000040778.pdf，(2018/06/01)。
［21］ Oasis sstc，「security assertion markup language version 2. 0(saml 2. 0)」，http://saml.xml.org/saml-specifications，(2017/02/21)。
［22］ 「Openid authentication 2. 0 final」，https://openid.net/specs/openid-authentication-2_0.html，(2017/02/21)。
［23］ 「The oauth 2. 0 authorization protocol」，http://tools.ietf.org/html/draft-ietf-oauth-v2，(2017/02/21)。
［24］ 総務省　情報通信政策研究所，「ID ビジネスの現状と課題に関する調査研究」，http://www.soumu.go.jp/main_content/000061624.pdf，(2018/08/31)。
［25］ 宇賀克也，「番号法の逐条解説」，有斐閣，2014。
［26］ 眞次宏典，「マイナンバー制度の問題点について」，地域総合研究，17号(Part 1)，pp. 97-103。
［27］ 黒田充，「マイナンバーはこんなに恐い！」，日本機関紙出版センター，2016.
［28］ 白石孝，石村耕治，水永誠二，「共通番号の危険な使われ方」，現代人文社，2015。
［29］ 野村総合研究所第148回 NRI メディアフォーラム，「「ID エコシステム」導入の効果～国民 ID 制度に民間の活力を活かす～」，https://www.nri.com/jp/event/mediaforum/2011/pdf/forum148.pdf，(2018/06/11)。
［30］ 経済産業省，「ID 連携トラストフレームワーク」，http://www.meti.go.jp/policy/it_policy/id_renkei/tf_gaiyou.pdf，(2017/11/28)。

［31］ 経済産業省,「トラストフレームワークを用いた個人番号の利活用推進のための方策」, http://www.kantei.go.jp/jp/singi/it2/senmon_bunka//number/dai3/siryou3.pdf,（2018/04/11）。
［32］ 総務省　個人番号カード・公的個人認証サービス等の利活用推進の在り方に関する懇談会　制度検討サブワーキンググループ（第2回),「「ID 連携トラストフレームワーク」について」, http://www.soumu.go.jp/main_content/000495566.pdf,（2017/06/15）。
［33］ 情報処理推進機構,「情報セキュリティ10大脅威　2018」, https://www.ipa.go.jp/security/vuln/10threats2018.html,（2018/04/30）。
［34］ 情報処理推進機構,「パスワードリスト攻撃による不正ログイン防止に向けた呼びかけ」, https://www.jpcert.or.jp/pr/2014/pr140004.html,（2018/06/01）。
［35］ 情報セキュリティ政策会議,「政府機関の情報セキュリティ対策のための統一管理基準（2011/04/21版）」, http://www.soumu.go.jp/main_content/000141664.pdf#search=‘主体認証’,（2018/04/21）。
［36］ 情報セキュリティ政策会議,「政府機関の情報セキュリティ対策のための統一管理基準（平成28年度版）」, https://www.nisc.go.jp/active/general/pdf/kijyun28.pdf',（2018/04/21）。
［37］ 情報処理推進機構（発行）土居範久（監修),「情報セキュリティ教本（改訂版)」, 実教出版, 2009。
［38］「IoT データ, 企業の契約指針　第三者提供巡り経産省」, 日本経済新聞, 2018/06/15, 朝刊. https://www.nikkei.com/article/DGKKZO31770450U8A610C1EE8000/,（2018/06/15）。
［39］ 鈴木正朝,「IoT 時代における識別子の脅威とプライバシー・個人情報保護」, 法とコンピュータ（第40回法とコンピュータ学会研究会報告), Vol. 34, 2016年7月, pp. 41-45。
［40］ 日経 BP イノベーション ICT 研究所編,「IoT セキュリティ」, 日経 BP 社, 2016。
［41］ 板倉陽一郎,「個人情報保護制度の将来的課題—IoT（Internet of Things）への対応の観点から」, 法とコンピュータ（第40回法とコンピュータ学会研究会報告), Vol. 34, 2016年7月, pp. 83-91。
［42］ 内閣府,「マイナンバーカードの身分証明書としての取扱いについて」, http:

//www.cao.go.jp/bangouseido/case/business/id.html，（2018/06/16）。
［43］ 八木晃二，大曽根匡，「本人確認からみたマイナンバー制度に関する提言」，日本セキュリティ・マネジメント学会誌，Vol. 31，No. 1，2017年5月，pp. 3–16。
［44］ 野村総合研究所，「インターネットユーザーのIDに関する意識についてアンケート調査を実施」，https://www.nri.com/jp/news/2009/090611.html，（2018/06/11）。
［45］ 「ポイント不正利用が相次ぐ 「リスト型攻撃」対策を」，YOMIURI ONLINE，2017/09/26，電子版，http://www.yomiuri.co.jp/science/goshinjyutsu/20170925-OYT8T50091.html，（2018/06/11）。
［46］ 日経コンピュータ，「JALが最大75万件の顧客情報漏洩　ドコモ，佐川，ヤマト，JR東も攻撃受ける」，2014/10/16号，pp. 6–7。
［47］ 「「通知カード」で本人確認　マイナンバー流出恐れ，総務省「適当ではない」」，毎日新聞，2016/01/26，朝刊。
［48］ 各府省情報化統括責任者（CIO）連絡会議，「オンライン手続におけるリスク評価及び電子署名・認証ガイドライン」，http://www.kantei.go.jp/jp/singi/it2/guide/guide_line/guideline100831.pdf，（2018/06/01）。
［49］ 内閣官房　内閣サイバーセキュリティセンター，「府省庁対策基準策定のためのガイドライン（平成28年度版）」，http://www.nisc.go.jp/active/general/pdf/guide28.pdf，（2018/06/01）。
［50］ 「逮捕の男，容疑を否認　パソコン遠隔操作事件」，日本経済新聞，2013/02/10，電子版，https://www.nikkei.com/article/DGXNASDG10006_Q3A210C1000000/（2018/06/11）。
［51］ NIST（発行）情報処理推進機構（翻訳監修），「電子認証に関するガイドライン」，https://www.ipa.go.jp/files/000025342.pdf，（2018/04/11）。
［52］ 八木晃二，「完全解説　共通番号制度」，アスキー・メディアワークス，2012.
［53］ 日本情報経済社会推進協会，「本人確認をした属性情報を用いた社会基盤構築に関する調査研究」，http://www.meti.go.jp/meti_lib/report/2013fy/E003274.pdf，（2018/06/01）。
［54］ 高木浩光，「IoTに対応した個人データ保護制度のあり方」，法とコンピュータ（第40回法とコンピュータ学会研究会報告），Vol. 34，2016年7月，pp. 47–81。

［55］ 新保史生,「個人情報保護法改正のポイントを学ぶ（5）目的・定義に関する規定」, http:// www.kokusen.go.jp/wko/pdf/wko-201602_10.pdf,（2018/06/11）。

［56］ 全国銀行協会,「本人確認書類って何？」, http://www.zenginkyo.or.jp/article/tag-f/7483/,（2017/04/11）。

［57］ ICAO,「Machine Readable Travel Documents Part 3 Machine Readable Officical Travel Documents Volume 1 Mrtds with Machine Readable Data Stored in Optical Character Recognition Format, Third Edition 2008」, 2008。

［58］ ICAO,「Machine Readable Travel Documents Part 3 Machine Readable Officical Travel Documents Volume 2 Specifications for Electronically Enabled MRtds with Biometric Identification Capability, Third Edition 2008」, 2008。

［59］ 日本情報経済社会推進協会 電子情報利活用研究部,「ID 連携トラストフレームワークを活用した官民連携の在り方に関する調査研究（平成27年度）」, http://www.meti.go.jp/meti_lib/report/2016fy/000674.pdf,（2018/04/11）.

［60］ 自由民主党 政務調査会 IT 戦略特命委員会 マイナンバー利活用推進小委員会,「マイナンバー制度利活用推進ロードマップ（Ver. 2）」, http://www.cao.go.jp/bangouseido/pdf/20170314siryou_27-30.pdf,（2017/05/24）。

［61］ 内閣官房 番号制度推進室,「マイナンバー制度の活用（説明資料①）」, http://www5.cao.go.jp/keizai-shimon/kaigi/.../pdf/shiryou2-3.pdf,（2018/02/24）.

［62］ 高度情報通信ネットワーク社会推進戦略本部,「世界最先端 IT 国家宣言工程表」, http://www.kantei.go.jp/jp/singi/it2/kettei/pdf/.../koteihyo_kaitei.pdf,（2018/05/21）。

［63］ 総務省・電子政府推進ワーキンググループ,「電子政府推進対応ワーキンググループ報告書（案）」, http://www.soumu.go.jp/main_content/000087340.pdf,（2018/04/11）。

［64］ 政府・与党社会保障改革検討本部,「社会保障・税番号大綱」, http://www.soumu.go.jp/main_content/000141660.pdf,（2017/05/11）。

［65］ 国税庁,「国税分野における番号法に基づく本人確認方法」, http://www.showaf.com/news/202/番号法に基づく本人確認方法.pdf,（2017/05/14）。

［66］ 総務省,「マイナンバーカード利活用推進ロードマップ」, http://www.

soumu.go.jp/main_content/000477828.pdf,（2017/10/15）。
［67］ 国際大学グローバル・コミュニケーション・センター，「諸外国における国民ID制度の現状等に関する調査研究報告書」，http://www.soumu.go.jp/johotsusintokei/linkdata/h24_04_houkoku.pdf,（2018/04/15）。
［68］ 砂田薫，「諸外国における国民ID制度の現状～フィンランド，デンマーク，韓国を中心に～」，議員研修誌　地方議会人，第46巻第８号，pp. 33-39。
［69］ 石村耕司，「オーストラリアの背番号も番号カードも使わない電子政府：電子政府構想の日豪比較」，CNNニューズ（85），pp. 7-18。
［70］ 鈴木尊己，「日本がモデルにしたオーストラリア電子政府と今後のID連携」，FUJITSU，68（４），pp. 80-87。
［71］ 八木晃二編，「マイナンバー法のすべて　身分証明，社会保障からプライバシー保護まで，共通番号制度のあるべき姿を徹底解説」，東洋経済新報社，2013。
［72］ 近藤佳大，「日本の番号制度（マイナンバー制度）の概要と国際比較：個人識別子と行政統制の視点から」，情報管理，56（６），pp. 344-354，2013。
［73］ The white house,「National Strategy for Trusted Identities in Cyberspace」, 2011. 04。
［74］ OIX（Open Identity Exchange),「The Open Identity Trust Framework（OITF）Model」, 2010. 03。
［75］ 堀部政男，新保史生，野村至，「OECDプライバシーガイドライン　30年の進化と未来」，JIPDEC（一般社団法人日本情報経済社会推進協会），2014。
［76］ 「岐路に立つマイナンバーカード普及は１割　浸透策カギ」，日本経済新聞，2018/01/26，朝刊。
［77］ 経済産業省　満塩尚史,「ID連携トラストフレームワークの推進」，https://jics.nii.ac.jp/?action=pages_view_main&active_action=repository_view_main_item_detail&item_id=77&item_no=1&page_id=43&block_id=435,（2018/01/14）。
［78］ 小林慎太郎，「パーソナルデータの教科書」，日経BP社，2014。
［79］ 瀬戸洋一，伊藤洋昭，六川浩明，新保史生，村上康二郎，「プライバシー影響評価PIAと個人情報保護」，中央経済社，2010。
［80］ 安岡寛道，「国民ID制度に民間IDの活用を」，野村総合研究所・金融ITフォーカス，2011。

[81] 清水勉，桐山桂一，「「マイナンバー法」を問う」，岩波書店，2012。
[82] 佐藤一郎，「IDの秘密」，丸善出版，2012. 3 . 30。
[83] IoT推進コンソーシアム　総務省　経済産業省，「IoTセキュリティガイドライン　ver. 0」，http://www.soumu.go.jp/main_content/000428393.pdf, (2018/05/11)。
[84] 大蔵財務協会編，「「マイナンバー」で税制はこうなる！」，大蔵財務協会，2012。
[85] 経済産業省,「情報セキュリティ管理基準(平成28年改正版)」，http://www.meti.go.jp/policy/.../IS_Management_Standard_H28.pdf, (2018/03/01)。
[86] 野村総合研究所IDビジネスプロジェクトチーム編,「2015年のIDビジネス」，東洋経済新報社，2009。
[87] 野村総合研究所電子決済プロジェクトチーム編，「電子決済ビジネス」，日経BP社，2010。
[88] 杉浦宣彦，「決済サービスのイノベーション―資金決済法で変わるビジネス・生まれるビジネス」，ダイヤモンド社，2010。
[89] Mary Rundle, Eve Maler, Anthony Nadalin, Drummond Reed, Mary Rundle, and Don Thibea,「The open identity trust framework (oitf) model.」, http://www.openidentityexchange.org/wp-content/uploads/2017/02/open_identity_trust_framework_model_2010.pdf#search=%27open+identity+trust+framework%27, (2017/02/21)。
[90] 森信茂樹，河本敏夫,「マイナンバー　社会保障・税番号制度―課題と展望」，金融財政事情研究会，2012。
[91] 森信茂樹・野村資本市場研究所「マイナンバー活用の可能性」研究会,「未来を拓くマイナンバー制度を使いこなす事業アイディア」, 中央経済社, 2015。
[92] 八木晃二，大曽根匡，「IDエコシステム実現に必要となるID連携トラストフレームワークの研究」，専修大学情報科学研究所　情報科学研究，No38, pp. 1 -16, 2017。
[93] 岡村久道，鈴木正朝，「これだけは守りたい　個人情報保護」，日本経済新聞出版社，2011。
[94] 小向太郎，「情報法入門（第2版）デジタル・ネットワークの法律」，NTT出版，2011。
[95] 内閣官房情報通信技術（IT）担当室編，「逐条解説e-文書法」，ぎょうせい，

2005。
［96］ 堀部政男，「プライバシー・個人情報保護の新課題」，商事法務，2010。
［97］ 堀部政男，「プライバシー・バイ・デザイン」，日経 BP 社，2012。
［98］ 中尾康二編，「ISO/IEC27002：2013（JISQ27002：2014）情報セキュリティ管理策の実勢のための規範　解説と活用ガイド」，日本規格協会，2015。
［99］ 中島成，「個人情報保護法の解説」，ネットスクール，2011。
［100］ 八木晃二，大曽根匡，「ID 使用の視点からみたプライバシー保護確立の課題の明確化と解決策の提案」，日本セキュリティ・マネジメント学会誌，Vol. 33，No. 1，2019年 5 月，pp. 15-29。
［101］ 各府省情報化統括責任者（CIO）連絡会議，「行政手続におけるオンラインによる本人確認の手法に関するガイドライン」，https://www8.cao.go.jp/kisei-kaikaku/suishin/meeting/bukai/20190311/190311bukai07.pdf，（2019/12/21）。
［102］ 日経コンピュータ，「携帯電話番号，「単体で一概に個人情報に該当するとは言えない」」，2015/05/08号。
［103］ 総務省行政管理局電子政府の総合窓口（e-Gov），「「個人情報の保護に関する法律についてのガイドライン（通則編）（案）」に関する意見募集結果」，https://search.e-gov.go.jp/servlet/PcmFileDownload?seqNo=0000151056，（2018/01/14）。

（注：URL の場合，かっこ内は閲覧日）

索引

な行

は行

ま行

や行

ら行

著者略歴

八木　晃二（やぎ・こうじ）

1986年広島大学大学院工学研究科システム工学専攻修了。博士（情報管理）。同年（株）野村総合研究所入社，以来，企業情報システムの設計開発，システムコンサルティング，情報技術研究開発に従事，2001年ITソリューションコンサルティング部長。2003年から2005年野村総合研究所米国現地法人NRIパシフィック社長，米国先端技術調査。2006年から2016年野村総合研究所にて基盤サービス事業部長など事業部長を歴任，デジタルIDソリューション事業企画，開発。2008年から2015年OpenIDファンデーションジャパン代表理事（兼任）。2016年から専修大学経営学部非常勤講師，2018年から慶應義塾大学理工学部非常勤講師，2019年から情報システム学会常務理事。
情報処理学会，情報システム学会，日本セキュリティ・マネジメント学会，会員。
著書：『完全解説　共通番号制度』（アスキー・メディアワークス），『マイナンバー法のすべて』（東洋経済新報社），『図解　CIOハンドブック』（野村総合研究所）ほか。

装丁：尾崎美千子

超ID社会
ビッグデータ，IoT，AIスコアリング時代に，プライバシーと自分像をいかに守るか

2020年2月28日　第1版第1刷
2020年3月31日　第1版第2刷

著　者　八木晃二

発行者　上原伸二

発行所　専修大学出版局
〒101-0051　東京都千代田区神田神保町3-10-3
（株）専大センチュリー内
電話03-3263-4230（代）

印刷
製本　亜細亜印刷株式会社

ISBN978-4-88125-344-1